新娘化妆造型
全图解

王彦亮 · 著

化学工业出版社
·北京·

图书在版编目（CIP）数据

新娘化妆造型全图解 / 王彦亮著．— 北京 ：化学工业出版社，2017.5

ISBN 978-7-122-29465-4

Ⅰ．①新… Ⅱ．①王… Ⅲ．①女性－结婚－化妆－造型设计 Ⅳ．① TS974.1 ② TS972.121

中国版本图书馆 CIP 数据核字 (2017) 第 073965 号

责任编辑：马冰初 李锦侠　　　　文字编辑：宋娟
责任校对：边涛

出版发行：化学工业出版社（北京市东城区青年湖南街 13 号 邮政编码 100011）
印　　装：北京东方宝隆印刷有限公司
889mm×1194mm 1/16 印张 13¼ 字数 400 千字　2017 年 11 月北京第 1 版第 1 次印刷

购书咨询：010-64518888（传真：010-64519686）　售后服务：010-64518899
网　　址：http://www.cip.com.cn
凡购买本书，如有缺损质量问题，本社销售中心负责调换。

定　价：98.00 元

前 言

超全面的造型教程

成为一名优秀的新娘化妆师，会化妆仅仅是基础，敏锐的时尚嗅觉、有关婚纱造型的独特理念、驾轻就熟的配色技巧都是不容忽视的关键。本书从基础教程入手，从妆前保养到妆品选择，从婚纱搭配到妆调配色，从新娘配饰到指尖美甲，详细介绍所有细节，囊括全部造型要点，帮助化妆师从入门到精通、掌握新娘造型的全部法则。

最时尚的审美搭配

传统的新娘造型已经过时，要了解最新的时尚趋势与元素、配色，才能打造出兼具时尚与美感的新娘造型。传统新娘造型讲究喜庆，而新式新娘偏爱优雅气质。将两者巧妙结合则十分考验新娘化妆师的造型功力。本书将提供多种妆容配色、配饰服装搭配方案，帮助化妆师为新娘们打造出最适合的新娘妆容造型。

多风格的新娘造型

本书结合当下时尚潮流，精选最经典、实用的日系、韩系、森系、中式新娘造型，通过超详细图示步骤让化妆师轻松掌握妆容要领。甜美梦幻、清新自然、优雅大方、高贵奢华多种风格造型能满足不同新娘的个性化需求。结合要领做出创新，还会收获更别致的妆容造型。

专业的制作团队

本书由时尚研究机构“摩天文传”策划并制作。旗下拥有多位资深时尚编辑、专业彩妆师、设计师、摄影师、模特，独立拥有特邀经验丰富的国内知名彩妆造型师，并拥有独立摄影棚及全套灯光设备，在美容时尚生活领域已有深入研究和丰富积累。化妆师可借由本书在新娘造型领域取得更多的收获，成为新娘造型技巧的专家。

目录 contents

Chapter 1

新娘化妆造型基础教程

Chapter 2

日系新娘化妆发型实例

Chapter 3

韩系新娘化妆发型实例

Chapter 4

森系新娘化妆发型实例

Chapter 5
中式新娘化妆发型实例

Chapter 6
新娘美甲实例

Chapter 7
新娘配饰点睛完美婚礼

Chapter 1

新娘化妆造型基础教程

打造完美新娘要从基础入手。适合婚纱风格的妆发配色、完美无瑕的底妆打造、婚礼造型不可缺少的彩妆工具都在等待你一一了解。从基础知识开始，让我们一起来树立完美新娘的审美和造型概念吧。

根据婚纱色调选择妆容配色

白色的婚纱再也不是新娘们的唯一选择，各式各样的婚纱款式和色调令人目不暇接。对于每位新娘来说，结婚当天选择适宜自己的婚纱和妆容更能为幸福加分。下面为大家介绍几款有代表性的婚纱色调和与之搭配的妆容配色。

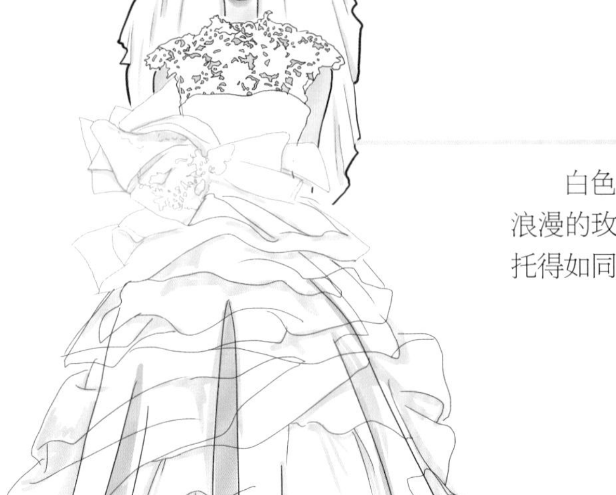

经典白纱搭配玫瑰色妆容

白色是最传统的婚纱颜色，象征着爱情的坚贞和纯洁。浪漫的玫瑰色妆容与白色婚纱搭配，将新娘的美丽和娇艳衬托得如同玫瑰花层层绽开，散发甜蜜的幸福气息。

喜庆大红色婚纱搭配浅棕色妆容

大红色婚纱是中西文化的融合。根据中国的传统习俗，许多人喜欢在重要的日子里穿红色。为了搭配这种喜庆颜色，选择有珠光感的浅棕色妆容绝对能为新娘加分。要注意眼妆和腮红不要过于厚重，提亮色泽即可，避免大浓妆。

浪漫浅粉色婚纱搭配粉红色妆容

如果用一种颜色来形容爱情，那么一定非粉色莫属。暖色调的浅粉色婚纱给人以一种温暖轻柔的温馨感。搭配同色系的粉色妆容，梦幻又安逸，让幸福的甜蜜感瞬间升级。

温馨米色婚纱搭配浅绿色妆容

浅浅的米色婚纱俗称象牙白，恬淡怡人，是现在大多新娘选择的婚纱颜色。搭配明亮的浅绿色妆容，静谧而美好，清新而恬淡，给人充满希望的感觉。

清新浅蓝色婚纱搭配柠檬黄妆容

蓝色的婚纱像天空一样纯净通透，给人一种纯洁美好的感觉。搭配明快跳跃的柠檬黄，充满朝气。别致的柠檬黄会让眼妆显得明亮而特别，唇色可选择浅淡的粉色，提亮唇部色泽即可，避免多种色彩造成的繁复感。

酷炫黑色婚纱搭配银色妆容

黑色的婚纱完全颠覆传统用色，极具大胆创新意识，如果新娘是位个性潮人，不妨试试这类酷炫的婚纱。在妆容用色上，建议搭配简单且现代感十足的银白色。黑白搭配，酷劲十足，是永远不落伍的经典。

奢华香槟色婚纱搭配酒红色妆容

奢华的香槟色婚纱满是古典欧式风情，高贵华丽，是女人一生一次的最好纪念。在妆容用色上，同样选择只在高脚杯内旋转绽放的酒红色，大气、沉稳、内敛。这样的搭配绝对令人惊艳。

马卡龙色婚纱搭配马卡龙色妆容

时下最流行的颜色当属马卡龙色系，黄色、绿色、橘色、蓝色、粉色是主要色调。这些明媚靓丽的色彩比较适合短款婚纱。在妆容的颜色搭配上，选择与其撞色的其他马卡龙色彩会更加惊艳，比如黄色可配蓝色、绿色可配粉色和蓝色配橘色等。

根据婚纱款式选择新娘发型

婚纱的款式有很多种，大多都是从常见的基本款式演变而成的。走上红毯的那一刻，每个新娘都希望自己是最美丽、最幸福的。根据婚纱的款式选择相应的发型，才能展现自己最迷人的魅力。

一字肩式婚纱

一字肩式婚纱适合上身比较短的新娘。如果要修饰肩膀较宽新娘的上臂，可以用头纱打造低位发型，或者直接打造露出整个肩部的高位发型。

深 V 领式婚纱

深 V 领式婚纱看起来有些保守，所以设计者往往会在细节处下功夫，比如改用蕾丝通透的肩带或者镶嵌精致华丽的饰品。在发型上，可以选择侧边式、披散式发型，搭配精致的发饰让整体造型更加优雅。

背心式婚纱

相对于抹胸款婚纱来说，背心式婚纱显得更加高贵华美。因为在视觉上有拉长的效果，所以选择高位的盘发能够增加新娘的整体高度，让造型看起来更加高贵典雅。同时也可以选择较为别致的造型，避免过于复杂老成的发型。

抹胸式婚纱

抹胸式的婚纱现在在婚纱市场占主流，很多新娘都热衷于这种款式的婚纱。胸部不是特别丰满的新娘，在发型上建议选择向前披散的款式，配合卷发打造丰满感。胸部比较丰满的新娘则可以选择盘发。

鱼尾式婚纱

鱼尾式婚纱剪裁特别，对新娘身材的要求也比较高。别致的婚纱已经充满设计感，发型就不需要过于复杂。简约大气的发型搭配鱼尾式婚纱会是正确的选择。

宽肩带式婚纱

宽肩带式婚纱看起来有些保守，所以设计者往往会在细节处下功夫。可以选择侧边式或披散式的发型，搭配精巧的发饰，让整体造型更加优雅。

挂脖式婚纱

挂脖式婚纱可以让背部彻底解放，带来无拘无束的性感，非常适合偏瘦的新娘。露出的性感背部当然不能被头发遮盖住，侧盘发或是高盘发都是明智之选。

高领式婚纱

高领式婚纱充满了浓浓的复古气息，非常适合传统且相对保守的婚礼。选择高领式婚纱一定不能搭配蓬松的披发，否则会让新娘看起来特别臃肿。高盘发是展现最佳气质的发型，搭配珍珠发饰可增添复古气质。

新娘化妆的必备工具

“工欲善其事，必先利其器。”一套合适的刷具是打造完美妆容的好帮手。根据新娘妆容需要，专业的化妆师必须要准备一套完整而合适的化妆工具。好的工具可以大大提高化妆师的化妆质量以及效率，确保在有限时间内有条不紊地进行化妆程序。

不同类型化妆刷用途介绍

修容刷

用斜角刷头在颊骨上打造阴影效果，使面部轮廓及线条更清晰，是打造小脸的必备刷具。

粉底刷

用粉底刷将粉底液均匀推开，快速大面积打造均匀底妆。粉底刷开后迅速密集帖服，遮盖力极强。

蜜粉刷

用蜜粉刷刷扫出来的妆面更自然、干净。相比使用粉扑，不仅节省蜜粉用量，还会让妆效更轻薄、柔和。

高光刷

高光刷适用于打高光与轮廓修饰等用途，适合搭配粉质高光修容产品，在T区创造自然高光；也可用于阴影修饰。

腮红刷

腮红刷能将腮红刷得自然、有层次，凸显面部轮廓，有良好的晕染刷扫效果，使腮红更自然、持久、服帖。

遮瑕刷

遮瑕刷结合遮瑕产品可有效修饰面部瑕疵，横握可以遮盖较严重黑眼圈，竖握可遮盖斑点、痘印。

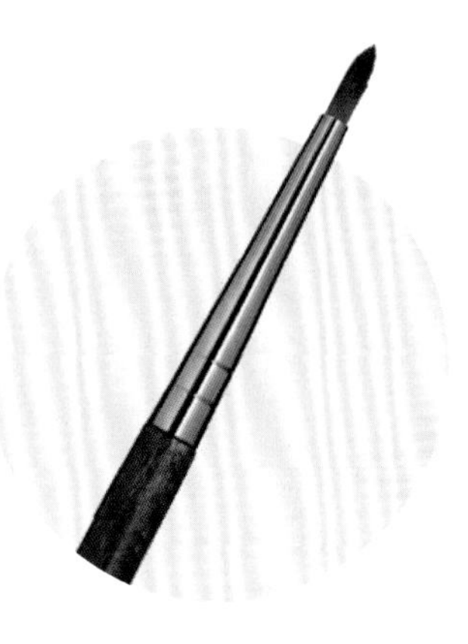

唇刷

将唇刷两面蘸取足量唇膏，以轻压方式由唇侧沿唇型勾勒上妆，再填满唇部，打造清晰精致唇妆。

眼线刷

眼线刷用于精准描绘眼线细节，可搭配膏状、液状眼线产品，描绘清晰完美的眼线。

眉睫梳理刷

可搭配眉笔、眉粉或眉胶，修饰调整眉色，打造自然妆效。也可在使用睫毛膏后，对睫毛进行梳理，使睫毛根根分明。

斜角眉睫刷

斜角眉睫刷可搭配眉妆产品，用于精确勾勒眉形，轻松填满眉毛空隙，改善眉色，打造自然立体的眉形。

上色眼影刷

上色眼影刷的刷头为扁平状，可搭配眼妆产品在上眼睑大面积上色，也适用于整个眼部（眼皮和眉骨）的快速完妆。

晕染眼影刷

晕染眼影刷的刷头为圆柱形，用于眼影的晕染过渡，可以打造精准的晕染效果，尤其适合小面积晕染上色。

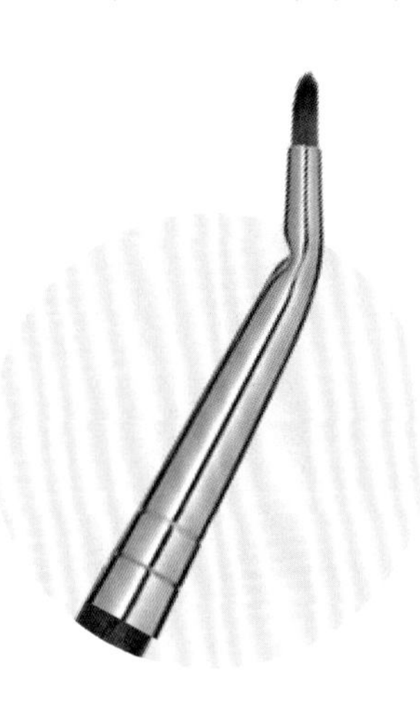

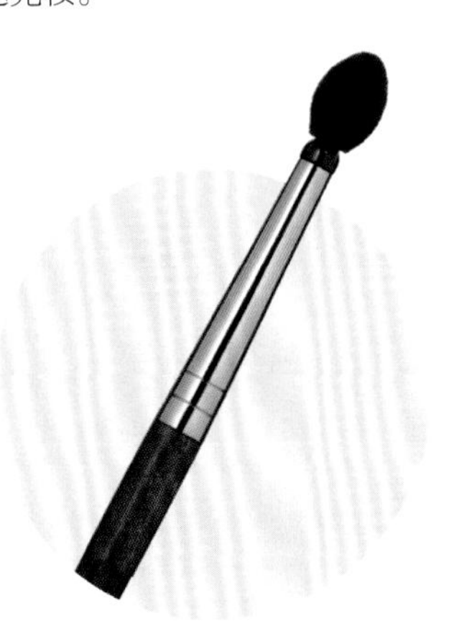

折角眼线刷

特殊的折角设计适合在睫毛根部上色或在眼角部位提拉描绘各种精致的眼部线条，不遮挡视线，方便上妆。

海绵棒

海绵棒的抓粉效果好且附着力强，适合较难上色或不易均匀的眼妆产品，轻松上色与晕染，打造清晰整洁的眼影。

余粉刷

化妆完成后，用余粉刷轻拂脸部，清除多余的粉屑，防止浮粉掉落影响妆容。

新娘发型的必备工具

走上红毯的那一天，每位新娘都希望自己从头到脚都是完美的。新娘发型造型多变，可以概括为以下四种发型。根据发型选对发型工具和定型产品，就能事半功倍。

盘发发型

各式各样的盘发发型经常出现在婚礼上，总结起来可分为低盘发和高盘发。盘发经常用到的工具和定型产品有以下几种。

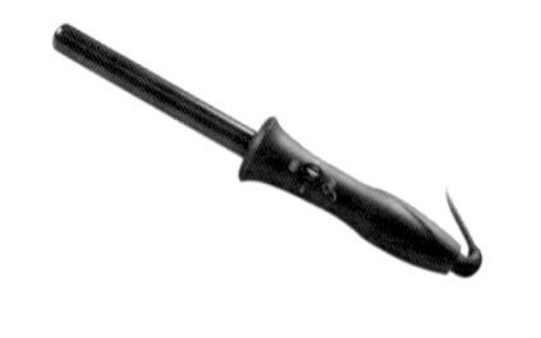

卷发棒

盘发前用卷发棒先卷烫一遍头发，可使头发更服帖。在使用卷发棒时，将卷发棒倾斜 45 度，效果会更好。注意根据不同的发型烫出合适的卷度。

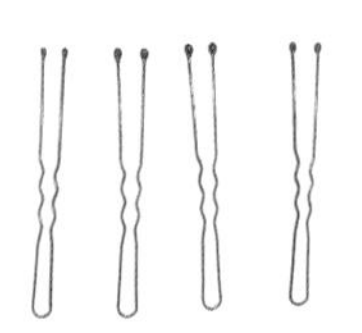

U 形发夹

比起一字夹，U 形发夹在盘发时更加实用，它能够轻松固定隆起的发髻，同时并不会影响发髻的形状。如果觉得用 U 形夹固定不牢固，可以把夹子的一边稍微弯折再使用。

定型喷雾

盘发前，先将头发梳理通顺，然后喷上定型喷雾，这样头发不易散乱，便于盘发。头发盘好后再喷洒定型喷雾会让发型保持时间更长久。

蓬蓬粉

蓬蓬粉能让头发蓬松起来，营造一种发量饱满、头形浑圆的效果。需要注意的是头皮有伤时请不要使用，使用时不要抓挠头皮，以防抓破头皮。

编发发型

精致的编发发型让女生看起来更加温婉动人，有一种恬静怡然的感觉。在编发过程中，如果能把发饰一起编入头发里，发型会更加别致。编发经常用到的工具和定型产品有以下几种。

美发夹板

编发前用美发夹板夹一下头发，会使编出的发辫更加光滑，避免发丝散乱。在夹发过程中要注意每次的使用时间，以免烫伤头发。

尖尾梳

编发时，经常会用到尖尾梳来挑发或者分缝。它是非常实用且必备的编发工具。选择尖尾梳时，要注意选择防静电和耐高温的材质。

保湿发蜡

发蜡不仅能提亮头发的色泽，同时有助于固定发型，让头发保持美丽造型。在编发的衔接处或者发尾头参差不齐处，可以抹上发蜡，令毛燥的发丝变得服帖。

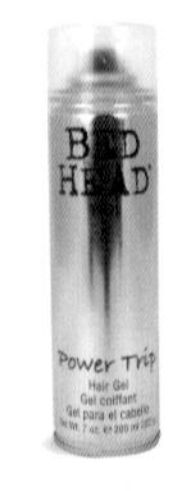

强力定型液

比起其他定型产品，定型液的效果在视觉上非常柔和，实际的定型效果也毫不逊色。编完发辫后使用定型液不会改变发辫的清爽度和清晰的纹路。

披肩发型

将秀发自然随意披在肩上，会有一种妩媚知性的女人味。将上半部分的头发随意挽起或者加个简单的盘发，随时随地展现女神范！虽然发型简单，但是也要选择用起来方便的发型工具和造型产品。

九排梳

九排梳梳齿下垫着的塑胶软垫能灵活顺应头发走势，防止头发被扯断。它的主要功能是发尾的打理，梳直、吹直、吹卷都很有用。

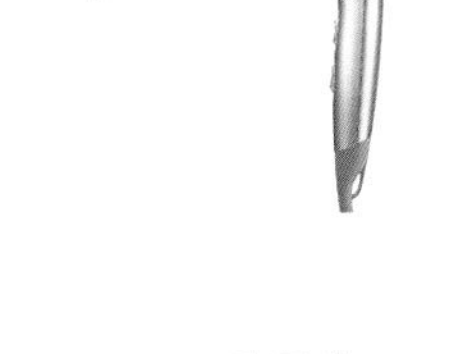

吹风机

好的吹风机能够锁住头发的水分，吹出的风不会给头发造成干燥缺失水分的伤害。可以用吹风机和梳子将发尾吹出好看的弧形。

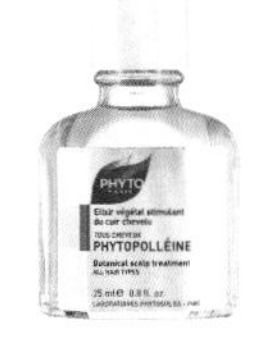

护发精油

吹干头发时同时使用护发精油，可以修复毛鳞片，防止头发开叉，使头发枯燥的地方变得柔顺。

增厚造型膏

使用后能让头发更自然蓬松。在烫过的发尾加强用量，头发不会僵硬，更能持久，让烫发的造型更明显，像有空气在头发里面一样。

短发发型

比起长发的多变造型，短发新娘的发型比较注重在发饰和细节上下功夫。所以，在选择发型工具和造型产品时也要更加注重品质。

陶瓷发卷

通过加热来对头发进行卷曲的陶瓷发卷，可以保护头发水分不流失。将发卷充电至足够热后，卷在需要定型的头发上，根据需要的卷曲度来调整卷曲时间。

烘罩

在用吹风机时加上烘罩，效果比直接用吹风机吹干要好，头发也会比较蓬松。烘罩可以起到隔热的效果，减轻对头发的伤害。

免洗润发乳

免洗润发乳可有效呵护秀发，轻盈的质地让秀发蓬松飘逸无负重感，让短发潇洒的自由飞扬。

竖立抖冻发胶

竖立抖冻发胶的纤维质感，可任意改变造型，非常适合打造有造型感的短发。中度定型，可创造出自然亮泽的完美线条感，适合需要光泽及凌乱效果的前卫发型。

新娘修眉的基础方法

日韩妆面尤其注重清爽简单的感觉，杂乱无序的眉毛无疑是破坏因素。打造眼妆之前首先要做的就是在不影响新娘素颜美观度的前提下，处理好眉毛，为后续眉形的调整和润色打下基础。

倾斜眉夹

准备工作 1：去掉眉毛外廓的杂毛

修哪里的毛发，你真正清楚吗？一般而言，分布在眼睑上的短小毛发都是应修掉的杂毛，生长在眉骨上的毛发则需要保留。修眉时应该遵循“先定眉形再修剪”的原则，不要把眉毛修得光秃秃后再构思什么眉形更适合。

必备工具：眉夹

化妆师修眉之后，要观察毛根是否清理干净，否则细小的黑点会影响眼妆的质感。尤其褶皱比较多的干性皮肤，毛根容易隐藏在眼皮的褶皱内，必须将眼皮稍微撑开找到毛根拔除。

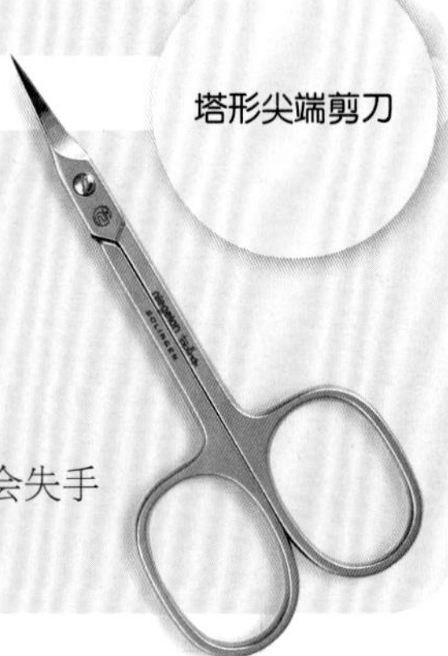

准备工作 2：剪短过长的眉毛

眉头和眉尾容易有过长的眉毛出现。如果不将其稍微剪短，眉色过黑会使眉毛看起来格外浓密，降低了亲和度；眉毛卷曲会使眉毛显得不平顺，失去了柔和的感觉。注意：剪眉毛之前一定要用眉梳把眉毛基本梳顺。

必备工具：眉剪

眉剪要选规格小、锋刃比较短的款式。这样每次张开的刃口就只会剪掉几根眉毛，不会失手剪去过多的眉毛。刃口最后略带弧度，剪刀紧贴眉毛时刀尖朝外，这样就不会误刺到皮肤。

关于修眉，化妆师需要注意的问题

Q 干修？还是湿修？

A：肌肤在两种情况下不宜修眉：一是肌肤极度干燥时；二是沐浴后肌肤相对比较脆弱时。最好的状态应该是沐浴后1~2小时，用爽肤水或者精华液润滑毛孔关闭的肌肤后，才可以直接修眉。

Q 保养？还是不保养？

A：眉毛修好后，最好使用有舒缓效果的水或者凝露啫喱型护肤品，以减少修眉刀带来的物理刺激。除此之外，有抗菌功效的护肤品也是不错的选择。

Q 提前？还是当天？

A：提醒新娘不要在婚期的前1~2天自己修眉，避免皮肤因修眉而红肿影响后续化妆。在婚礼当天修眉也尽量不要用提刮的方式，尤其是敏感皮肤。避免修眉引起上眼皮泛红。

每个人都适用的修眉简化步骤

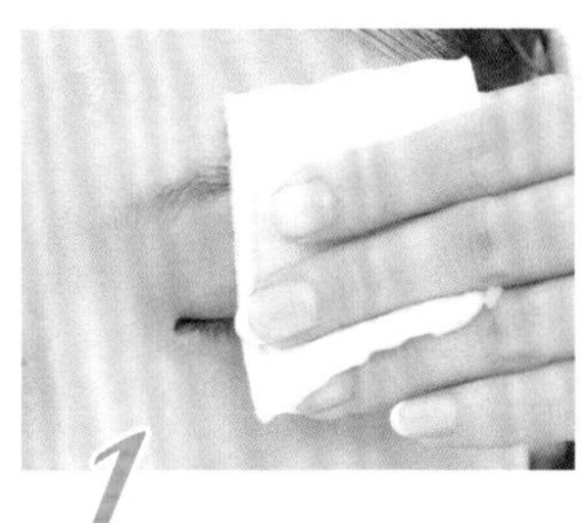

1 用有柔滑感的爽肤水湿敷眉周 1~3 分钟，软化毛发及润滑肌肤。

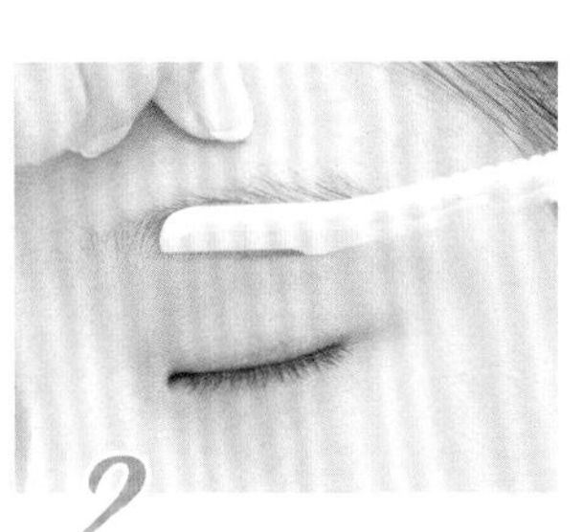

2 轻提眉毛上方的肌肤，使上眼睑的褶皱展开，刀口朝下与皮肤成 30° 角，剃除杂毛。

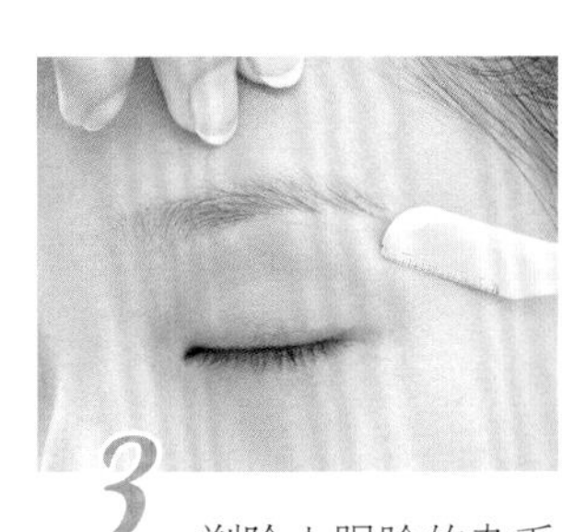

3 剃除上眼睑的杂毛后，再用同样方法修掉眉尾下方的杂毛。

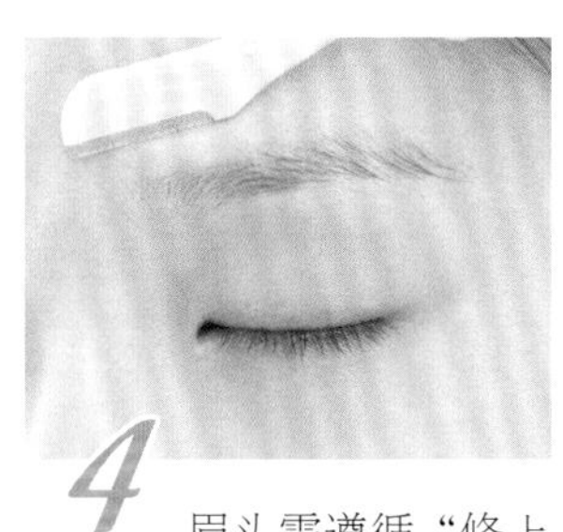

4 眉头需遵循“修上不修下”原则，避免眉头位置过高。

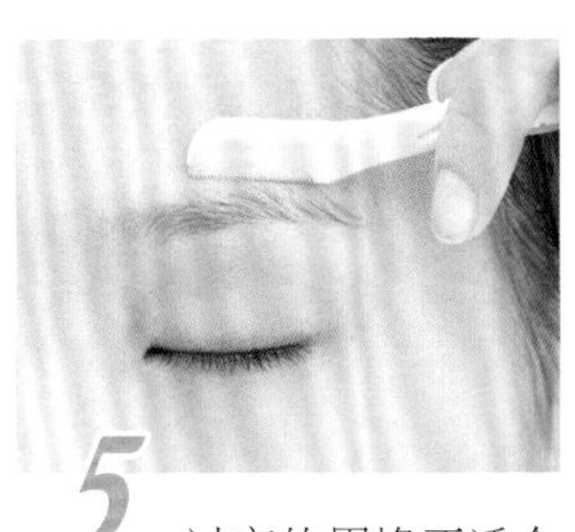

5 过高的眉峰不适合女性。因此基本都会从上沿修掉，使眉峰圆润平滑。

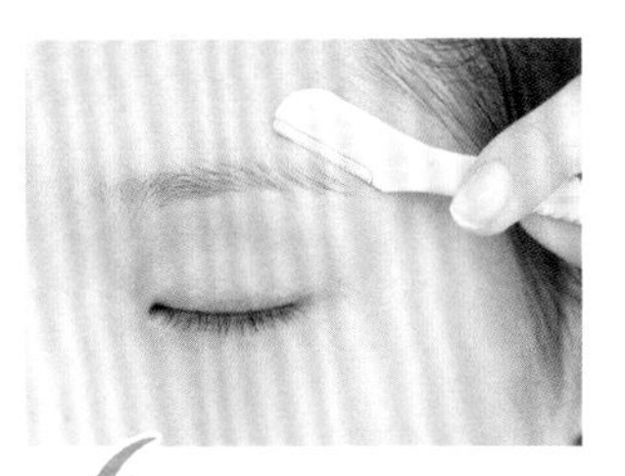

6 按照眉尾的切面修出清晰的眉尾。注意要本着最大程度保留眉毛的原则，避免眉尾修得过细。

7 修好眉形后用螺旋眉梳梳顺眉毛，再用眉剪剪去过长的眉毛，确保清爽。

8 修好的眉形清爽圆润，没有过于尖锐的线条，方便后续使用眉部美妆产品。

化妆师需要注意的修眉原则

能剪短就不要剃除

剪短就能改善杂乱就尽量不要剔除，剃除会从根本上减少新娘的眉毛发量，还有可能引起毛囊炎或者皮肤红肿，进而影响眉毛丰盈度和妆面的整洁度。

“修下不修上”原则

尽量只修掉或者拔出眉毛下方的杂毛，眉毛上沿的毛发不要修得太过。眉毛长得高的人眉眼开阔、气质大方，不要让眉毛越修越低垂，造成双眉压眼的不良效果。

可以通过染眉化解排斥修眉的难题

遇到实在不愿意修眉、眉毛又过于浓黑的新娘，可以用染眉膏将眉毛颜色染浅，一定程度上减轻浓黑眉毛带来的老成感。

不同风格的 8 种新娘妆眉形

日韩妆面尤其注重眉形，眉毛会影响其他五官的架构和感觉。如果你在画眉上功力稍稍逊色，那么可以通过明确的眉形画法找到改善新娘五官整体感觉。

弧细眉的画法

眉形特点：中间隆起、弧度柔和的眉形，眉头自然圆润、眉尾纤长娇柔。
匹配妆容：适合搭配体现温柔和亲和力的妆容。

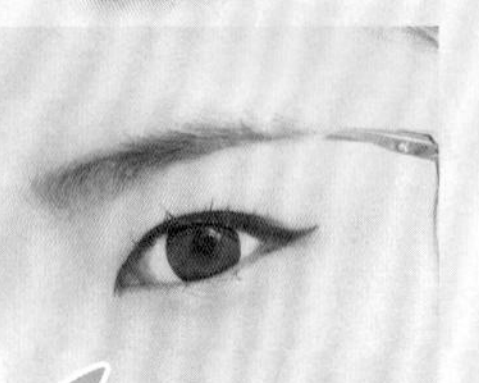

1 用眉剪剪去眉尾较长的毛发，让眉毛尽可能纤细。

2 将整条眉毛梳顺，然后将眉头的毛发梳理蓬松，直到可以看清眉毛下的肤色。

3 用眉笔以轻点、短刷的方式将眉头稀疏的地方补齐，注意不要涂画全部。

4 眉峰位置上下都要画出明显的线条，从这里开始收细。

5 眉尾要稍微大胆地向后延长，可超出眼尾 1.5~2 厘米。

渐变眉的画法

眉形特点：眉色从眉头向眉尾由浅到深渐变。
匹配妆容：适合搭配自然、日常的裸妆效果。

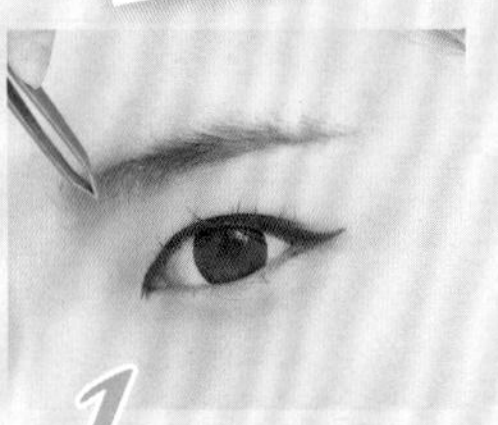

1 用眉夹将眉头显得过于浓黑的几根毛发拔除，注意不要拔得过多。

2 眉头留白，用眉笔从眉头约 1 厘米的位置开始向后逐渐加浓。

3 眉峰的颜色要最重，同时要从这里开始将眉形逐渐收窄。

4 先用眉笔画几条大致的线条确定眉尾，再填色加深，明确眉尾用最重的颜色。

5 用粉底刷取适量 BB 霜，在手背上推匀后轻轻刷在眉头处，进一步减淡眉色。

弯眉的画法

眉形特点：从眉峰位置开始出现明显的折角，眉头和眉尾的内夹角小于160度。
匹配妆容：适合搭配现代感强及效果前卫的妆面。

1 将眉峰位置竖起来的长眉毛稍微修短，弱化眉峰的突兀感。

2 从眉头下方前半段沿着眉形，画出一个小于160度的夹角线。

3 线条向后延长，确定好眉尾的长度及角度。

4 依照反向操作的方式，从眉尾的末端向上画，随后确定好眉峰的位置。

5 整体框架勾勒好之后，再填充框架，眉色自然均匀即可。

微弧眉的画法

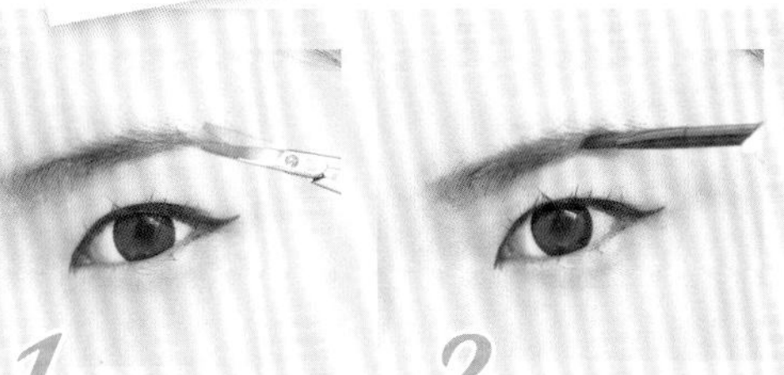

眉形特点：弧度柔和、眉长适中，百搭眉形。
匹配妆容：几乎和所有风格的妆容都能匹配。

1 将眉峰后的毛发稍微修短，避免眉尾长至下垂状。

2 眉头留白，用深咖啡眉粉将眉峰画平。上沿如有超出线条以外的毛发则可以修掉。

3 依照眉毛的弧度，按照平顺的方向延长眉尾。注意延长不要超过眼尾1厘米的长度。

4 略微画宽眉尾与眉峰衔接段。使眉毛的宽度整体均匀一致，避免眉头过宽、眉尾过细。

5 加宽尽量加在上方，避免将眉毛画得过低，有压迫眼睛的感觉。

一字眉的画法

眉形特点：流畅利落、几乎呈180度的眉形。
匹配妆容：适合典雅、温婉的妆面。

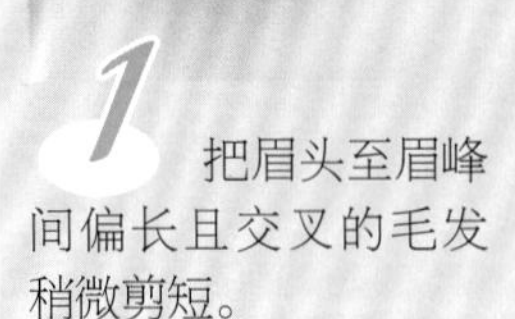

1 把眉头至眉峰间偏长且交叉的毛发稍微剪短。

2 眉头上下方用深咖啡色眉粉分别加深，用色可偏深一些。

3 从眉头上方向眉峰直接连线，让眉毛的角度变平，形状更趋向于一字形。

4 眉头画成边缘模糊一些的方形，不要让眉头显得太圆润。

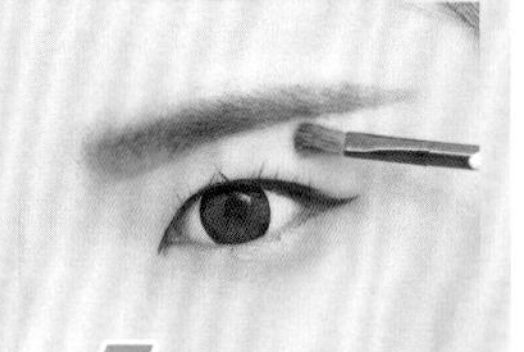

5 要将眉毛下方的位置提亮，突出这个区域的立体感，同时增加“一字眉”的气势。

折角眉的画法

眉形特点：眉峰有明显折角，形状近似回力标的眉形。
匹配妆容：适合略带复古感的妆容。

1 将眉峰过长的毛发剪短，避免眉峰显得过高。

2 选择深咖啡色眉粉，在眉峰下方确定好折角出现的位置。

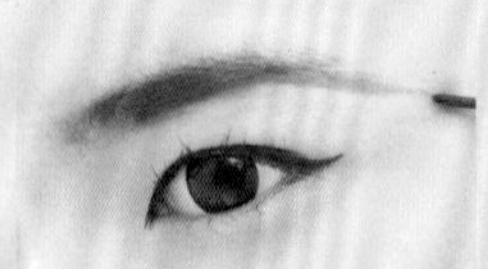

3 依据眉毛生长的位置尽可能小夹角延长，画出下垂的眉尾。

4 眉尾确定好后重新补色，将眉毛中、后段画满，注意用色要偏重。

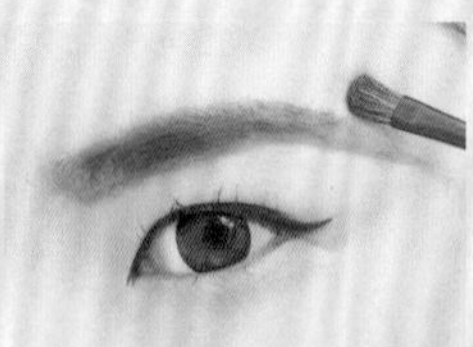

5 用白色眉粉提亮眉尾上沿，突出折角的效果。

粗眉的画法

眉形特点：廓形比较醒目，能突出五官的神采。
匹配妆容：适合带有复古感的妆面。

1 粗眉最不适合眉毛杂乱，先用眉剪把交叉的眉毛适度剪短。

2 先将原本的眉形勾勒一遍，上下边缘都可以适当加宽，尽量接近粗眉的廓形。

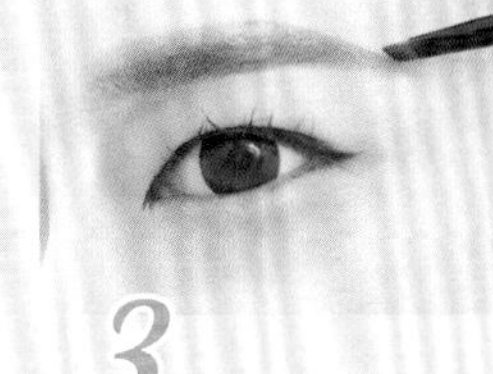

3 粗眉不能粗且短，眉尾要大胆做出延长效果。

4 加粗眉尾时尽量从上沿着手，避免加宽下方有眉毛压着眼睛的感觉。

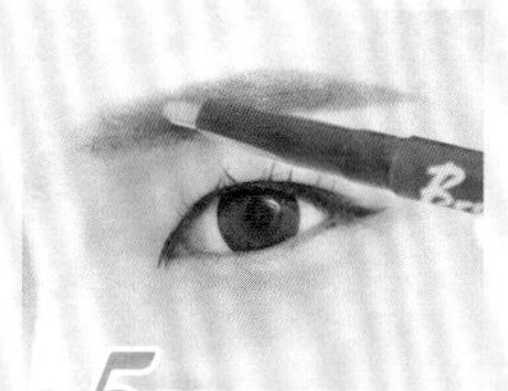

5 如果眉头以及眉毛中段眉毛量不够多，可用眉笔画出数道呈 45 度下斜的小短线，模仿自然眉部毛发。

长眉的画法

眉形特点：比原始眉形更长，突出独具个性的清秀感。
匹配妆容：适合有灵气、圣洁风格的妆容。

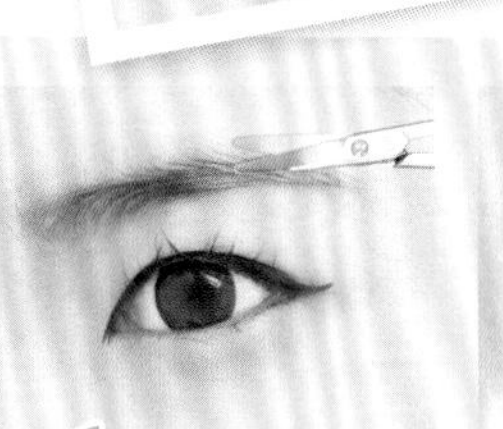

1 用眉剪把眉峰过长、过高的眉毛稍微修短。

2 最容易出现角度之处就是眉峰下方，用眉粉将这个区域画平，消除夹角。

3 顺着眉峰下方的条线将眉尾拉平，确定好眉尾的框架。

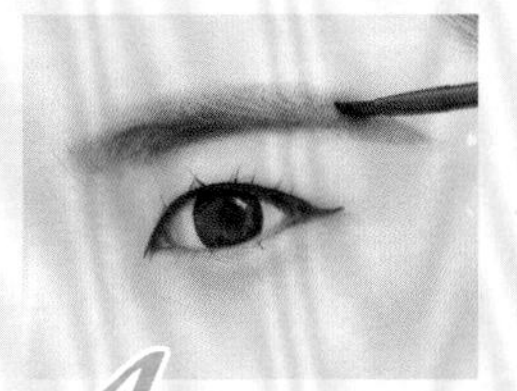

4 用深咖啡眉粉填色，把整个框架填满。注意眉尾要画粗，整条眉毛的宽度需均匀过渡。

5 长眉眉头的颜色要浅，因此选择浅咖啡色作为眉头的用色。

新娘卸妆的注意事项

随着新娘造型服务深度的推进，化妆师并不仅是打理妆容的专职人员，更高的目标是成为婚礼秘书，为新娘筹划与整体造型相关的各项事宜。针对婚礼当日有变换造型需求的新娘，化妆师还应该引导她正确安全地卸妆。

根据肤质及妆容浓淡选择卸妆产品

产品	肤质	妆效
卸妆水	干性肌肤和敏感肌肤	淡妆
卸妆啫喱	混合性肌肤	淡妆
卸妆乳	敏感肌肤和有发炎、破口的肌肤	淡妆、浓妆都适合
卸妆霜	干性肌肤	淡妆、浓妆都适合
卸妆油	油性肌肤和混合性肌肤	淡妆、浓妆都适合

卸妆产品的常见类型

卸妆水

卸妆水的最大特点就是较为清爽，使用卸妆水卸妆不会造成不适感，同时还能维持皮肤的水分。卸妆水最好配合柔软的化妆棉使用，先敷于需要卸妆的部位，停留5秒左右，待妆容溶解，再轻轻推开即可带走。部分化妆水是便捷的免洗型，更适合快速卸妆变换造型。

卸妆油

卸妆油为较强效的卸妆品，适合用于防水型或浓重的妆容。使用卸妆油必须水洗乳化，冲水之后再用洗面奶可减少油分残留。对于干性皮肤而言，用卸妆油也是比较适合的。

卸妆乳

卸妆乳综合了卸妆水和卸妆油的优点，卸除妆容的同时，又可锁住肌肤水分。如改妆范围小，例如改一下眼线、眼影等局部位置，用棉棒蘸取卸妆乳轻卸是最方便、最快捷的。

卸妆霜

卸妆霜质地比卸妆乳、油更浓稠厚重，含有一定的油脂成分，适用于修复肌肤干燥、敏感或其他损伤。市面上的卸妆霜都具有修复作用，更适合疲劳了一天的新娘在夜间按摩肌肤时使用。

卸妆巾

卸妆巾最大优势是便于携带，温和免洗的配方能够保护肌肤的健康。有些人对卸妆巾的成分易感刺激，因此卸妆巾较适合皮肤耐受力强、无过敏现象的健康皮肤使用。

新娘常常提出的卸妆问题

Q 买第一瓶卸妆油我需要考虑的问题是什么？

A：先从试用小样开始。一款卸妆油是不是合适自己？会不会致痘和痤疮？洗完是否会刺激出油？这些问题在你完成卸妆后，第二天起床时就能知道答案。卸妆油油性和成分好坏几乎是第二天就能看到效果的，所以先从使用试用小样开始吧。

Q 冲洗脸上的卸妆产品时，水温是要冷的还是要热的？

A：洗脸并不是水温越热就洗得越干净。使用卸妆水、卸妆啫喱、卸妆乳之后用凉水清洗，更清爽也可以改善红血丝。如果使用卸妆油和卸妆膏，应该用接近体温的温水清洗，否则容易乳化不完全抑或导致痘痘滋生。

Q 每次卸妆是不是都需要仔细按摩才卸得彻底？

A：用卸妆油、卸妆乳和卸妆膏适当做一些轻柔的按摩可以推挤污垢排出，还可以活化细胞。但卸妆水和卸妆啫喱类尽量用手或者棉球湿洗，用润滑度不够的它们按摩会导致皮肤产生皱纹和缺水，往往会越按越干。

Q 眼睛和嘴唇容易干的地方用什么卸妆最好？

A：除了用专门的眼唇产品，这里再教你一个诀窍。用乳液先卸一遍，擦干不冲水，再用卸妆油。不仅滋润，而且更干净。如果觉得卸妆膏或者卸妆乳太干，可以加一点蜂蜜，可降低皮肤的干涩感。

Q 眼部使用了大量防水型彩妆品该如何卸妆？

A：海边婚礼常常使用防水型彩妆，卸妆时最好准备防水专卸产品。如果没有，用卸妆油会比其他产品卸妆速度更快。卸妆之前稍微用湿毛巾敷一下脸部，能有助防水彩妆更快溶解易卸。

Q 有没有不用卸妆油就可以卸妆的方法？

A：透明润唇膏的滋润度完全可以把附着的彩妆卸掉，例如闪片、珠光粉、纤维型睫毛膏，用稍微多的量就可以卸下去。身体乳液也可以卸妆，甚至可以软化硬硬的眼睫毛，用后再用其他产品卸妆就更彻底了。

Q 敏弱皮肤怎么卸妆最安全？

A：对敏弱肤质而言，无论卸妆品是否免洗，最好都要用流动水彻底冲洗。自来水中的漂白粉和重金属也会刺激皮肤，因此洁面后最好马上使用弱酸性或中性爽肤水保湿。

Q 对水油分离型的卸妆品挺感兴趣的，该怎么用呢？

A：水油分离型卸妆品使用前需要充分摇匀。如果水油没有融合，卸妆要么不彻底，要么油乎乎。因此不要上下摇，而是要像晃动试管那样左右晃动。必须借助棉片，敷15秒左右就可以去清洗了。

Chapter 2

日系新娘化妆发型实例

俏丽可爱的日系新娘造型，因其甜美减龄感而成为诸多新娘婚礼造型首选。想要成功打造日系新娘妆发，笑肌腮红、眼部高光、卷翘假睫毛、棕色系发色都是不可忽视的重要元素。

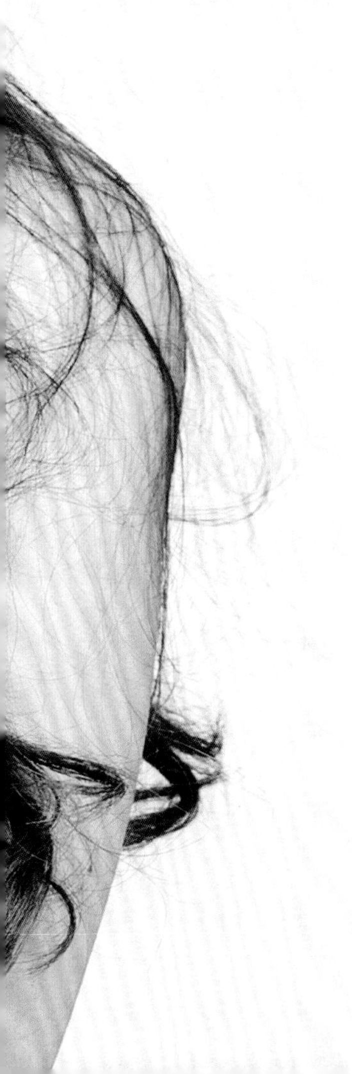

打造减龄气质的日系新娘妆发

珊瑚色能够给人带来健康的感觉，适合在视觉上修正暗哑肤色。此款妆容适合肤色暗沉、有通过化妆减龄需求的新娘。

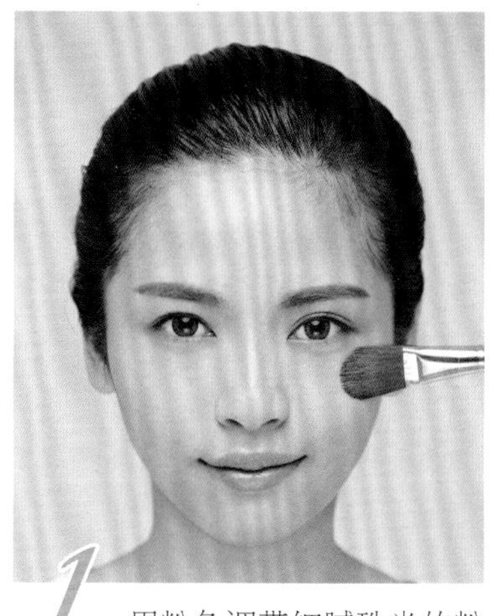

1 用粉色调带细腻珠光的粉底涂抹面部，粉色调的粉底能让新娘看起来气色更好。

2 嘴角和眼周的黑色素沉淀以及细纹，用浅色的遮瑕膏重点遮盖。

3 用蓬松的散粉刷蘸取适量定妆散粉轻刷在脸颊、T 区和鼻翼两侧，延缓脱妆时间。

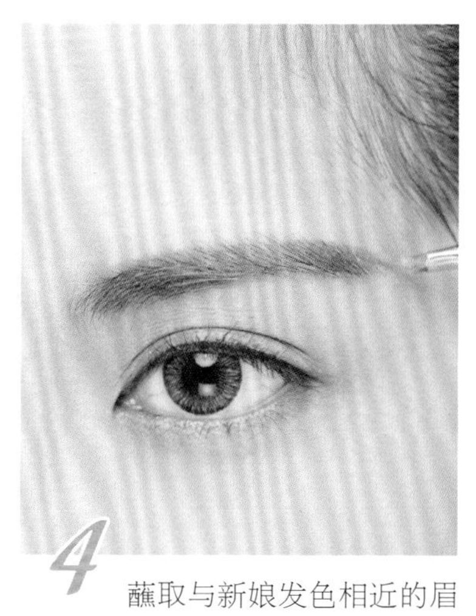

4 蘸取与新娘发色相近的眉粉勾勒眉形，并仔细填补眉毛颜色。

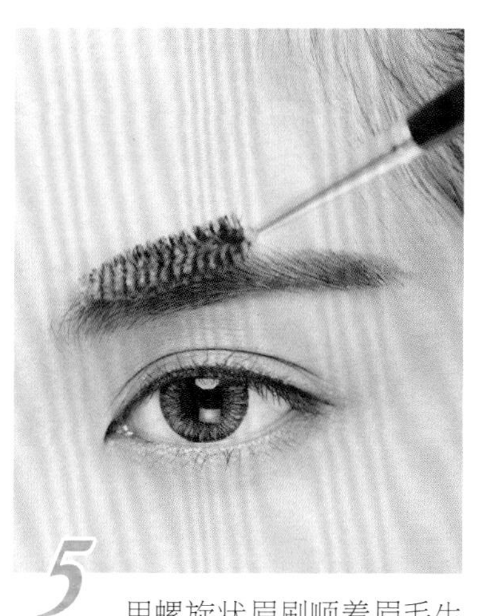

5 用螺旋状眉刷顺着眉毛生长的方向把眉毛梳整齐，梳眉毛还有均匀眉毛颜色的作用。

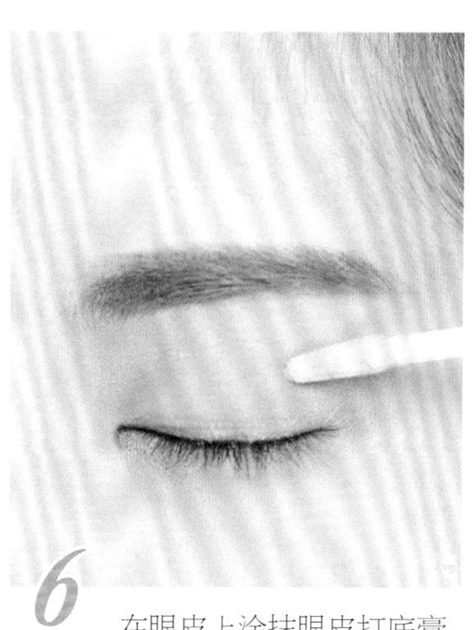

6 在眼皮上涂抹眼皮打底膏，用指腹晕染抹开，使眼影更显色、更持久。

7 用大号的眼影刷蘸取珠光白色眼影，大范围刷扫在眼皮上。

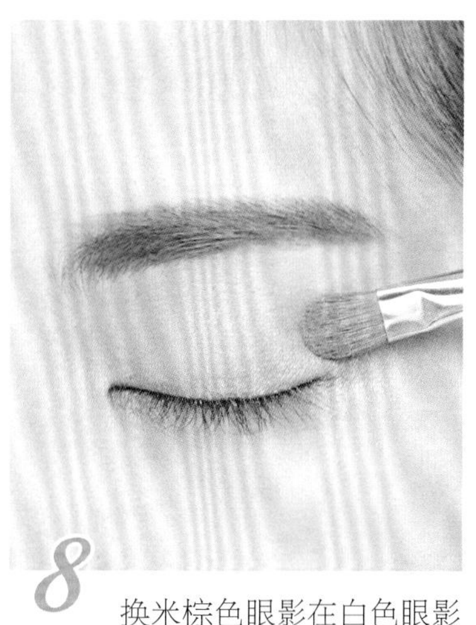

8 换米棕色眼影在白色眼影范围内来回涂抹，棕色和白色眼影的边缘要过渡自然。

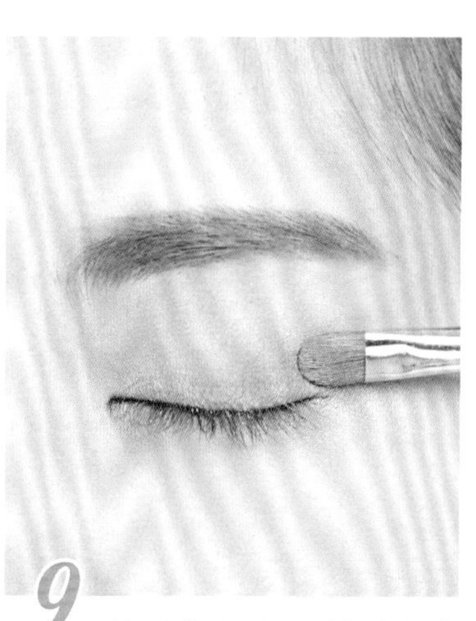

9 选用小号眼影刷蘸取珊瑚粉色眼影，在双眼皮褶皱内刷扫，眼尾位置稍稍提高。

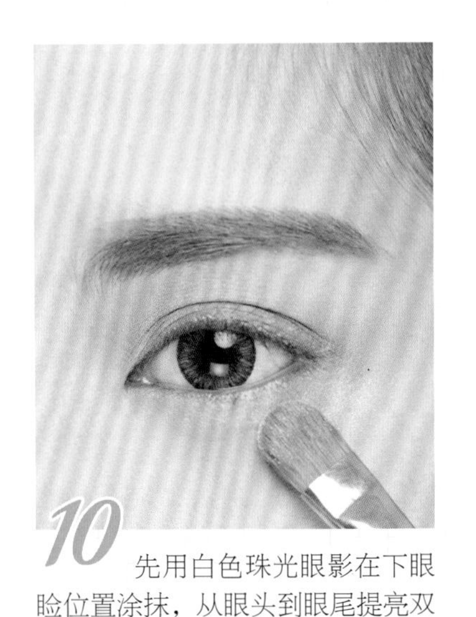

10 先用白色珠光眼影在下眼睑位置涂抹，从眼头到眼尾提亮双眼，重点加强眼头位置。

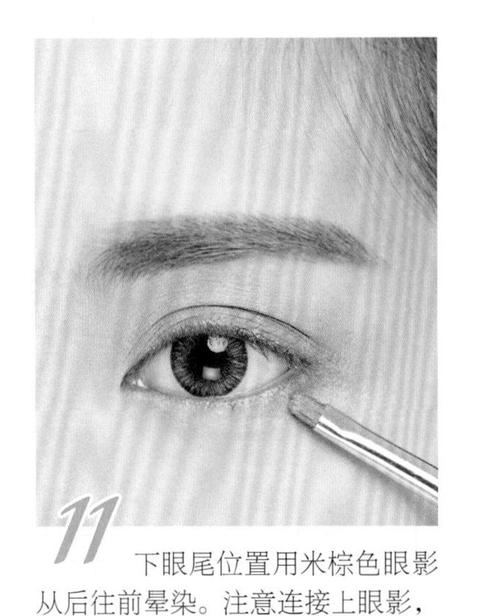

11 下眼尾位置用米棕色眼影从后往前晕染。注意连接上眼影，并紧贴睫毛根部。

12 用大颗粒闪片珠光白色眼影棒在下眼皮卧蚕位置来回涂抹，突出卧蚕。

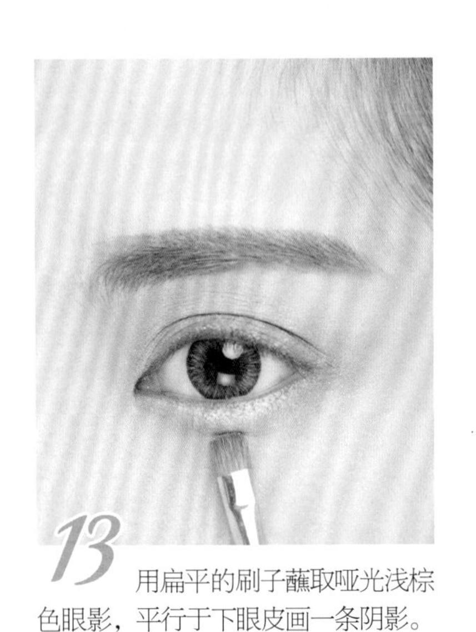

13 用扁平的刷子蘸取哑光浅棕色眼影，平行于下眼皮画一条阴影。

14 再次用大颗粒闪片珠光白色眼影棒在眼头位置涂抹，起到提亮眼头的作用。

15 沿着睫毛根部画一条眼线。注意眼线从眼睛中后部开始加粗加宽，眼尾轻微上挑。

16 填满睫毛根部，打造完美内眼线，外眼线眼尾拉长约1~2毫米。

17 贴上棕色自然款纤长假睫毛。棕色假睫毛比黑色假睫毛更自然，适合淡妆。

18 沿睫毛根部向上仔细刷上睫毛膏，将真假睫毛刷在一起，使睫毛融为一体、不分层。

19 刷下睫毛时，准备一些棉签。如果睫毛膏碰脏眼皮，用棉签快速擦掉即可。

20 把珊瑚色腮红刷扫在脸颊两侧、颧骨的上方，营造新娘红润气色。

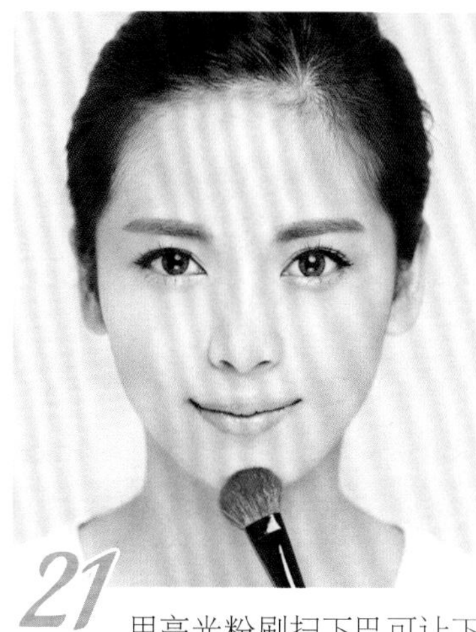

21 用高光粉刷扫下巴可让下巴看起来更小巧精致。

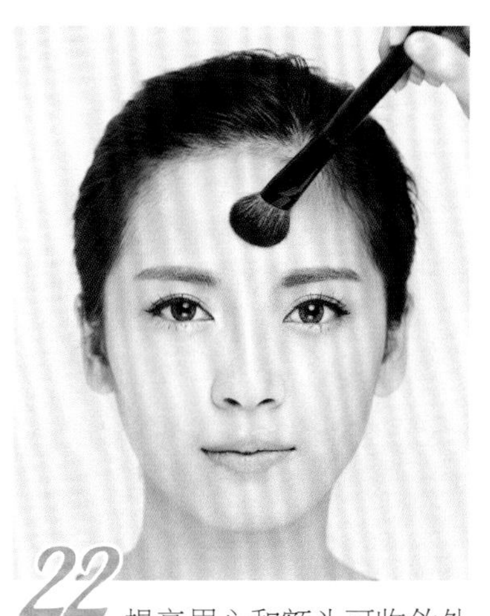

22 提亮眉心和额头可收敛外扩的五官，使五官更集中，打造自然立体感。

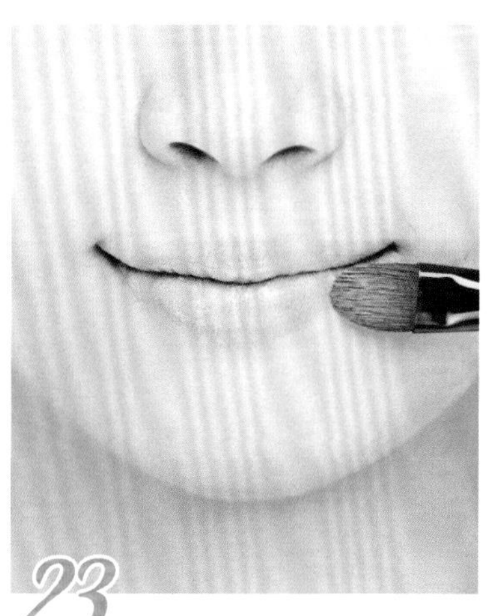

23 想要唇膏显色、塑造更完美的唇形，可在唇膏上色前用遮瑕膏遮盖唇色。

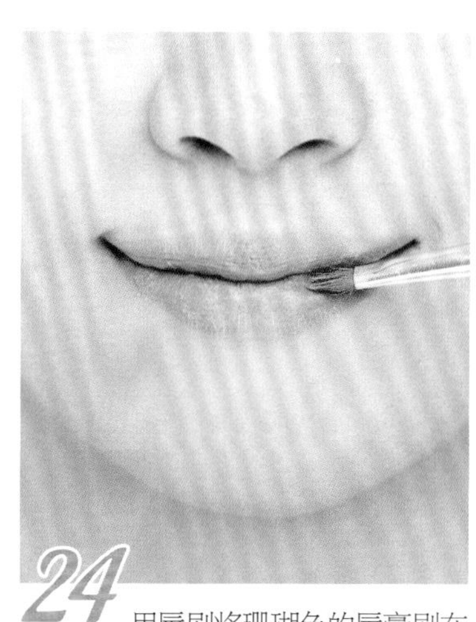

24 用唇刷将珊瑚色的唇膏刷在双唇中心部位，边缘晕染过渡自然。

Before

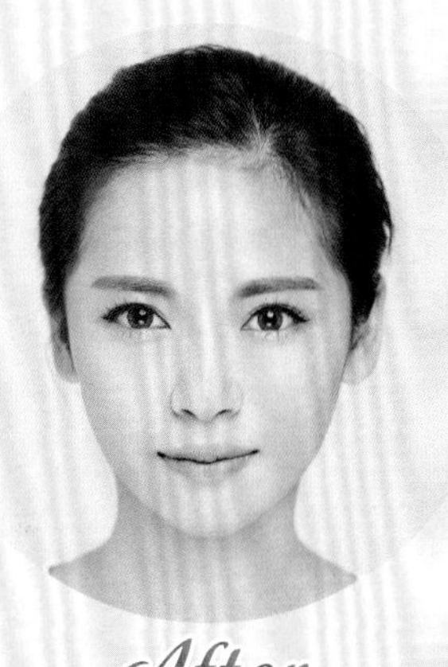

After

珊瑚色鲜艳感恰到好处，与肌肤的融合度很高，自然打造新娘好气色。

低垂饱满的发髻搭配精致的花朵，浪漫而又优雅。两侧编发汇集在下方，甜美而恬静的气质惹人喜爱。

Side

加入花骨朵，展现新娘娇羞的气质，在视觉上延伸了花朵发饰。

Back

编发和发髻都有传统的味道，花朵的加入打破了无趣感。

25 将新娘头发分区，耳朵上方的鬓发和刘海单独分出来，右侧相同。

26 分开刘海，左侧区域从头顶开始进行三加二编发，即蜈蚣辫。

27 蜈蚣辫编至耳朵位置改为编三股麻花辫，将麻花辫编至发尾用小皮筋扎好。

28 右侧区域头发的处理与26、27步骤相同。脑后头发分成两份，左侧的头发等分为两份。

29 将两股头发相互缠绕扭拧，注意用力要较轻，扭拧至发尾扎好。

30 轻轻用手指抽取发束的表面，抽散发丝，使头发看起来自然蓬松。

31 将抽散后的发束向上卷绕成一个松散的发包，并将其固定在脑后。

32 脑后右边头发用相同的方法处理，同步骤28~31。注意两个发包连接，要使它们看起来是一个整体。

33 取用之前编好的蜈蚣辫。

34 两条辫子从头顶处抽取发丝，抽取发丝的方向和力度应一致。

35 用两条辫子从脑后下方卷绕发包根部，藏好发尾，用黑色发夹固定和调整位置。

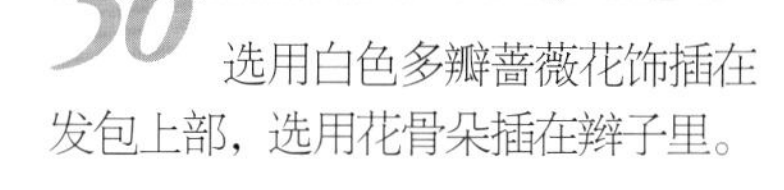

36 选用白色多瓣蔷薇花饰插在发包上部，选用花骨朵插在辫子里。

突出花样容颜的日系新娘妆发

依据鲜花题材，用妆容技巧赋予肌肤如花朵般娇嫩的质感，再借助有纹理感的卷发发型，营造浪漫四溢的唯美风格。整体创意既取材于鲜花，又和鲜花完美呼应。

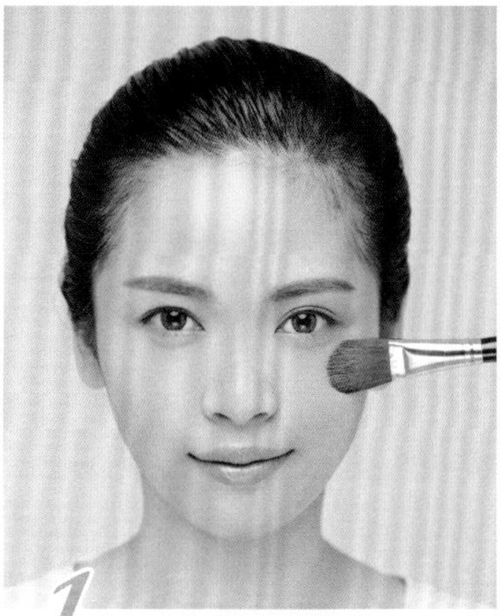

1 选择贴近新娘肤色的粉调粉底液，粉调粉底能够很好地提亮肤色，突出肌肤质感。

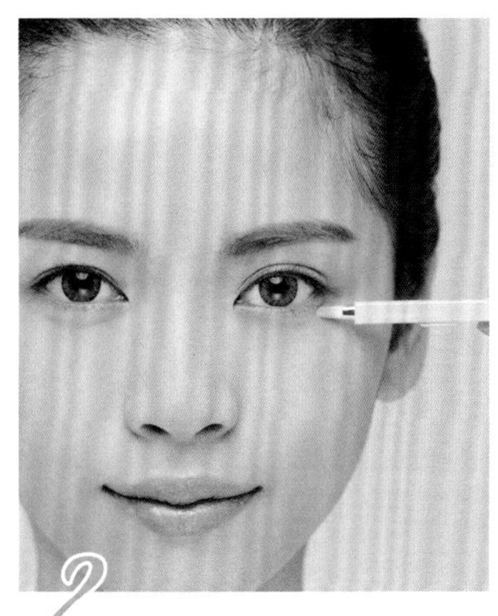

2 眼下暗沉和细纹用遮瑕产品涂抹，用指腹采取点擦的方法抚平均匀。

3 新娘额头位置需要特别提亮。提亮后可突出立体的眉眼，强调五官立体。

4 嘴角下方选用浅一号的遮瑕产品遮盖细纹和肤色不均，同时起到提拉嘴角的作用。

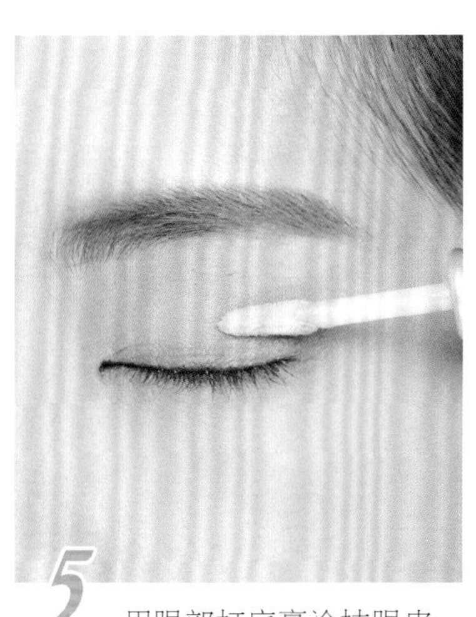

5 用眼部打底膏涂抹眼皮，可有效防止眼皮出油晕妆，并可使眼影更持久显色。

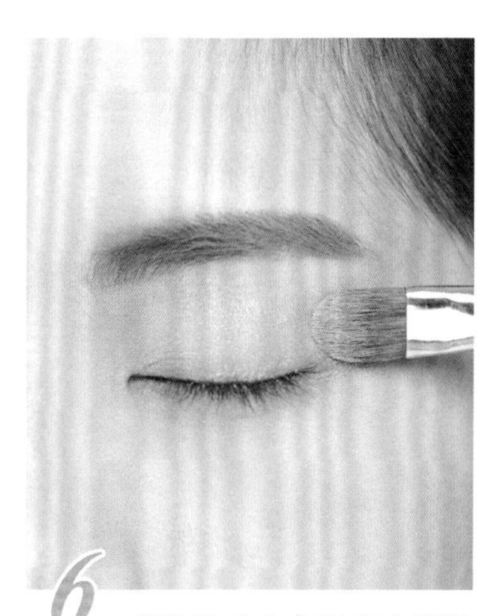

6 蘸取珠光白色眼影大面积横扫眼皮，晕染过渡自然，起提亮眼睛的作用。

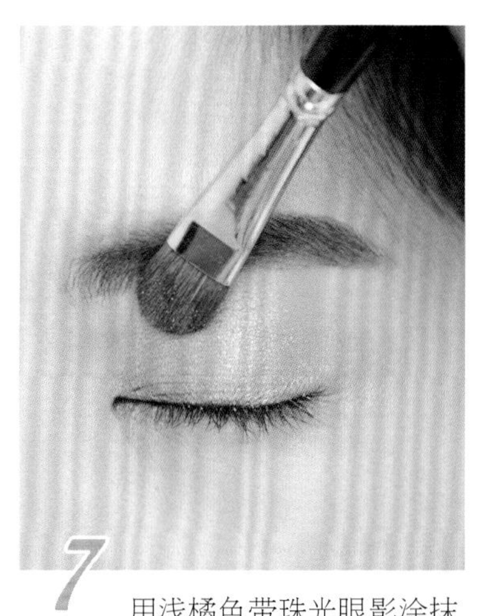

7 用浅橘色带珠光眼影涂抹眼头，色彩明亮俏皮，让眼妆更显活泼可爱。

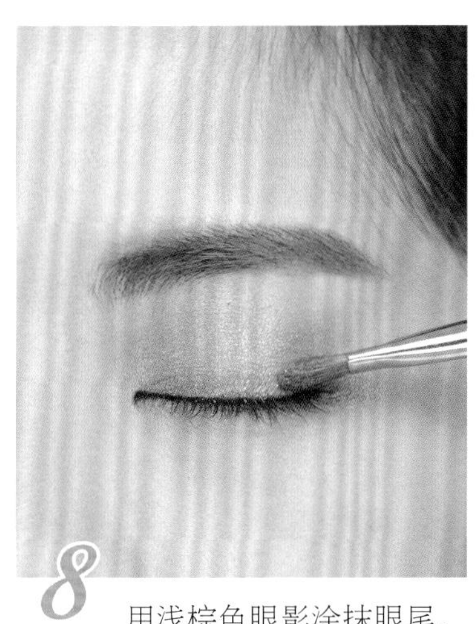

8 用浅棕色眼影涂抹眼尾，从后往前晕染，起收敛浮肿眼皮的作用。

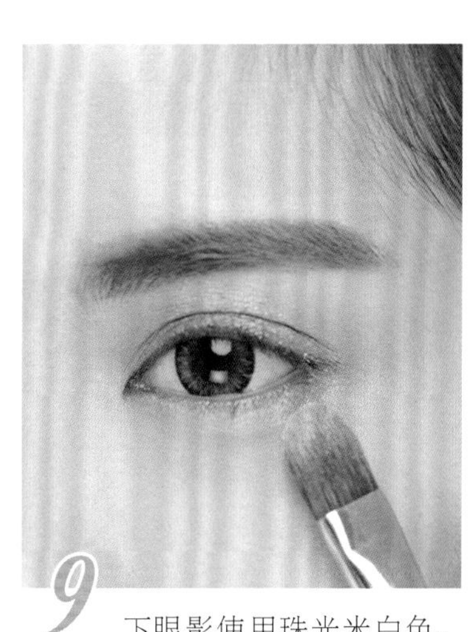

9 下眼影使用珠光米白色。在整个下眼影范围内来回涂抹，为下眼影打底。

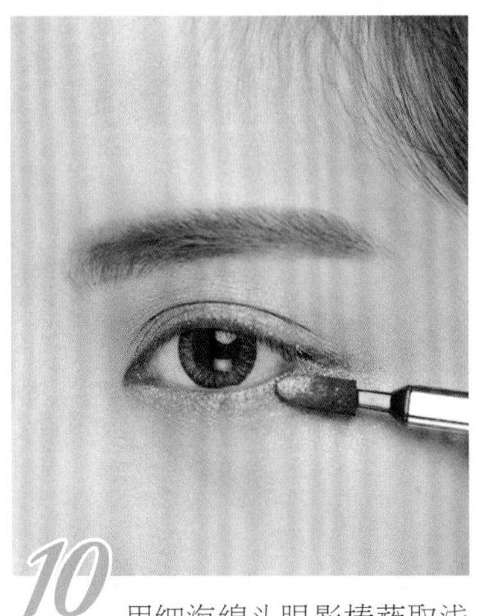

10 用细海绵头眼影棒蘸取浅金棕色眼影，紧贴睫毛膏根部涂抹、晕染。

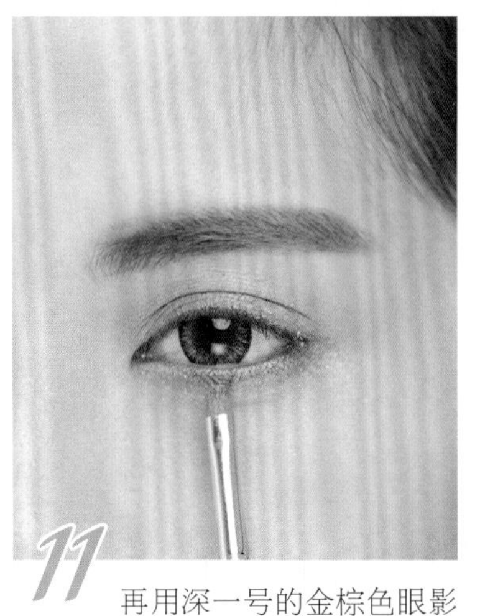

11 再用深一号的金棕色眼影加强，扁平细小的眼影刷可以精准控制眼影上色范围。

12 用干净的刷子蘸取珠光细腻的米白色眼影来提亮眼周，凸显眼部神采。

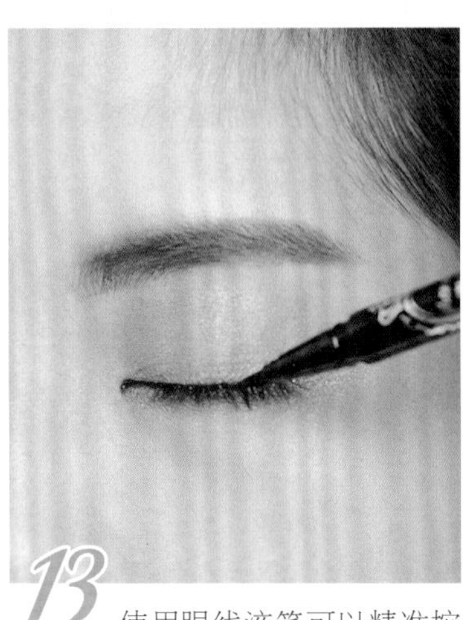

13 使用眼线液笔可以精准控制下笔位置，仔细填补睫毛空隙，还可以细描一条眼线。

14 眼尾自然拉长1~2毫米，与眼线平行。窄眼线更合适自然妆容。

15 将自然款的黑色假睫毛涂上睫毛胶，半干的睫毛胶水更方便贴假睫毛。

16 用睫毛膏将真假睫毛刷在一起，从侧面看睫毛不分层，精致卷翘。

17 将下睫毛仔细刷好，打造根根分明、精致卷翘的下睫毛，凸显精致妆容。

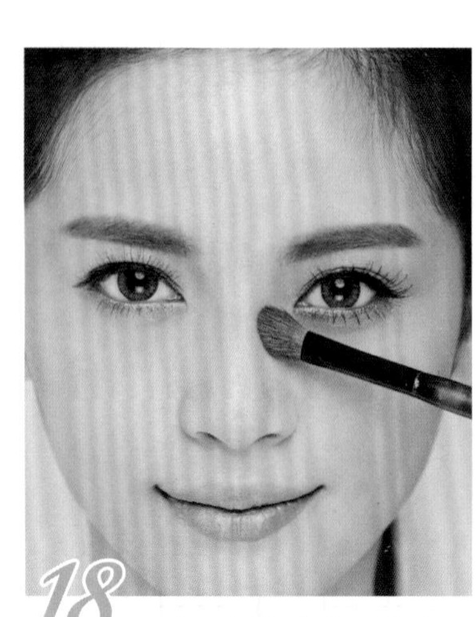

18 用小号斜角修容刷蘸取哑光浅棕色修容粉沿鼻梁两侧笔直刷，打造高挺鼻梁。

19 桃粉色腮红从眼睛下方开始至脸颊轻扫，较大范围的腮红可营造甜美可爱的笑容。

20 在颧骨后方加强腮红颜色，突出甜美花样的新娘妆容。

21 选用小号修容刷蘸取高光粉在太阳穴位置轻扫，用高光塑造丰满、丰润的眼部。

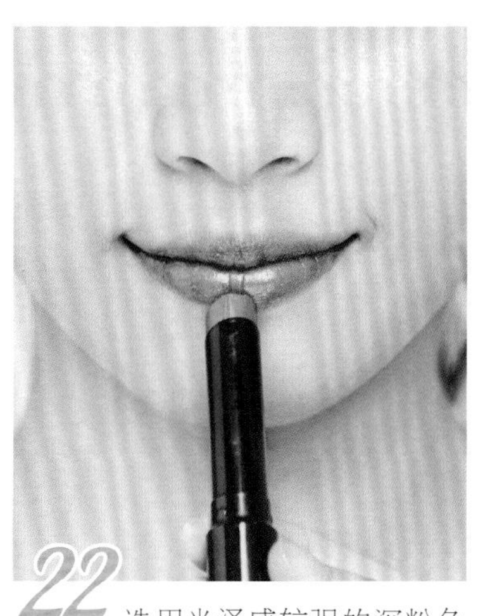

22 选用光泽感较强的深粉色唇膏涂满下嘴唇，上唇只涂抹1/2。

23 用干净的唇刷向外晕染上唇唇膏，让唇膏颜色自然过渡到唇边。

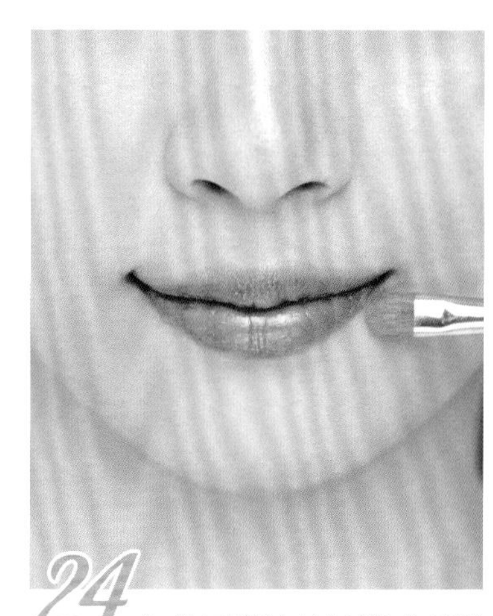

24 如果唇膏涂抹过满或者溢出唇线，可以使用遮瑕膏轻刷须修改的位置。

Before

After

让橘色的花瓣在眼睑上热情地绽放，鲜亮的色彩让整个眼妆更别具一格，双颊染上甜点般诱人的桃粉色，让人忍不住感叹新娘的美好。

简单随性的及肩短发能有效掩盖分叉发尾，让疏于保养的新娘依然毫无瑕疵。头顶的直发经过造型蓬松处理，结合白色花朵发饰，可营造出甜美纯洁气质。

Side

及肩短发搭配抹胸礼服，露出新娘优美背部。

Back

一目了然的短发，看似不经意的造型，却在细节中演绎花样美少女的浪漫唯美。

25 将新娘头发四六侧分，六分区域用中号卷发棒夹取，从发根开始向后卷烫弧度。

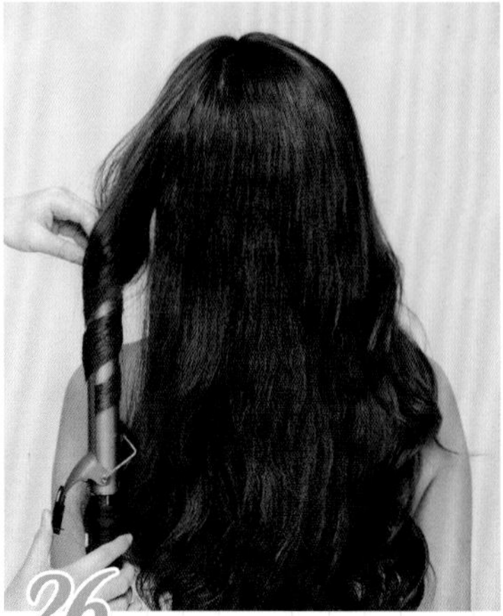

26 选择 22~28 毫米的大号卷发棒分区域卷烫头发，高度约与下巴齐平。

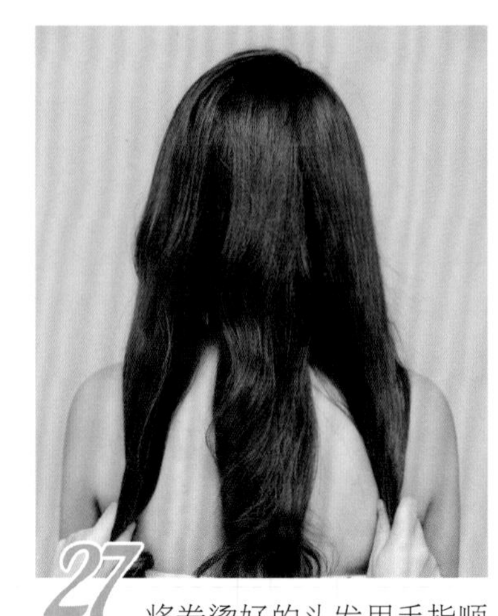

27 将卷烫好的头发用手指顺开，保证头发的卷曲和蓬松度，等分三份备用。

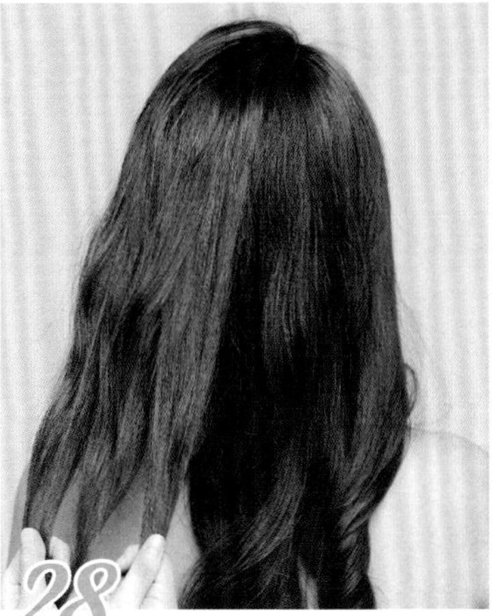

28 先从左边开始，将三等分之一头发分为三份，编麻花辫。

29 辫子的起始位置约在耳朵下方，编至发尾后用小皮筋固定扎好。

30 从耳后水平位置开始，抽散辫子，越高越散乱，麻花辫基本形状保持不变。

31 从发尾开始向里卷起，将新娘长发藏在脑后位置并固定好，注意保持头发的蓬松度。

32 第二份头发也同样处理，同步骤 28~31。若发量较多，可在脑后多使用夹子固定。

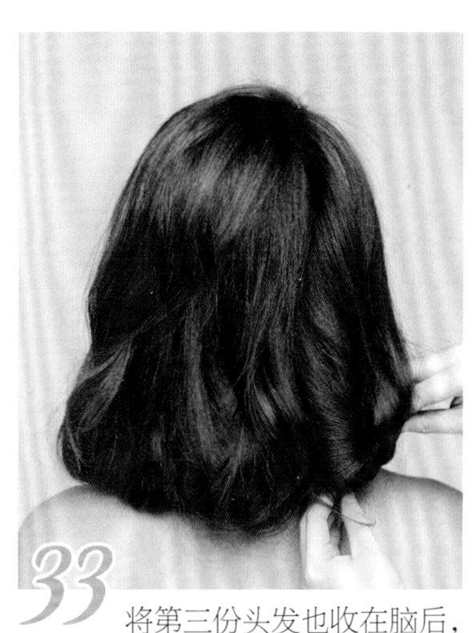

33 将第三份头发也收在脑后，同步骤 28~31。轻轻用手指打理，将新娘长发变成娇俏的内卷梨花头。

34 选用白色小花，依次固定在脑后偏左位置。注意花朵要排列紧密。

35 将白色小花发饰绕成一个圈，绕过头顶，固定在头发上。

36 轻轻整理花瓣，注意保持花朵圈内的头发表面光滑。

演绎清纯可爱的日系新娘妆发

大胆运用橘色在脸部创造娇俏可人的气质，利用高光和腮红提升五官立体感，表现出新娘独一无二的萌真气质。

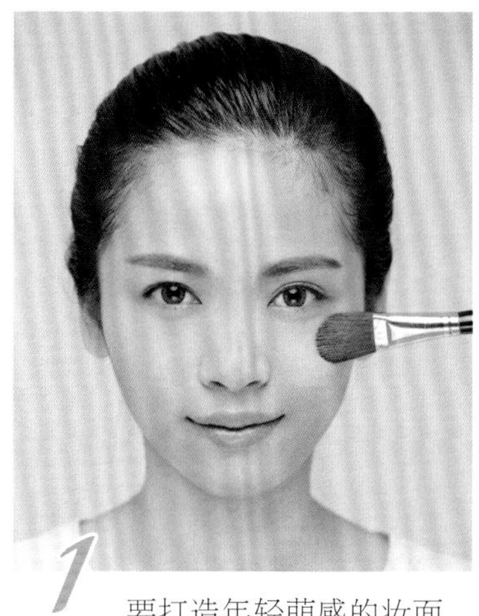

1 要打造年轻萌感的妆面，妆感低又要无瑕剔透，带光泽感的粉底液是最佳选择。

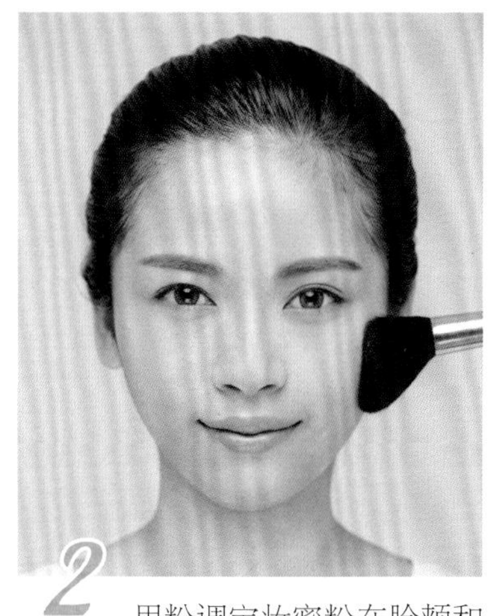

2 用粉调定妆蜜粉在脸颊和鼻翼两侧轻扫，可以延长脸部出油时间并持久定妆。

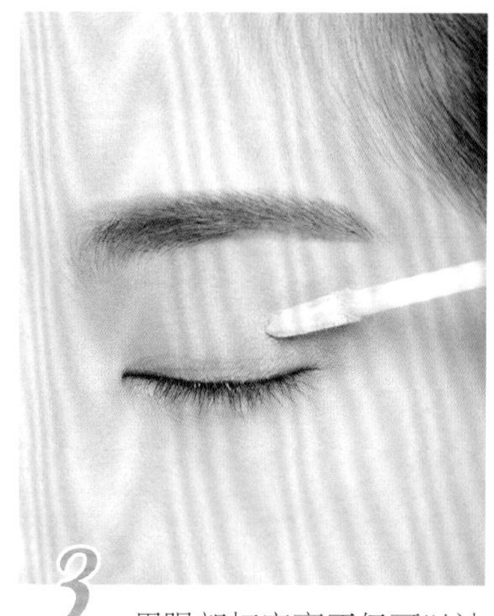

3 用眼部打底膏不仅可以让眼影更显色，也能让眼线、眼影持久不脱妆。

4 蘸取哑光白色眼影轻扫眼皮，为眼妆做基础打底，还起到均匀肤色的作用。

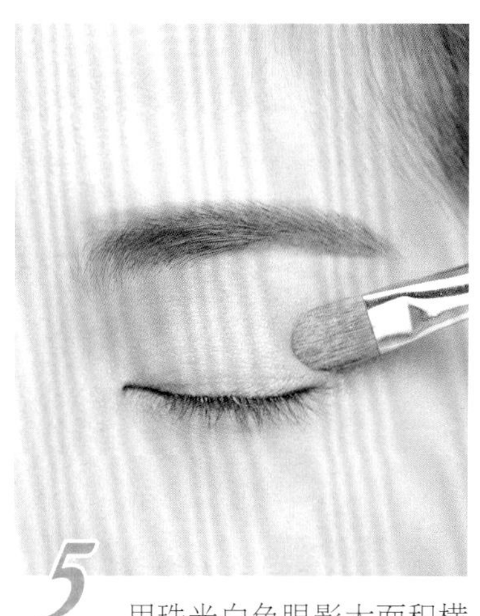

5 用珠光白色眼影大面积横扫眼皮，可以提亮眼睛，塑造明亮双眸。

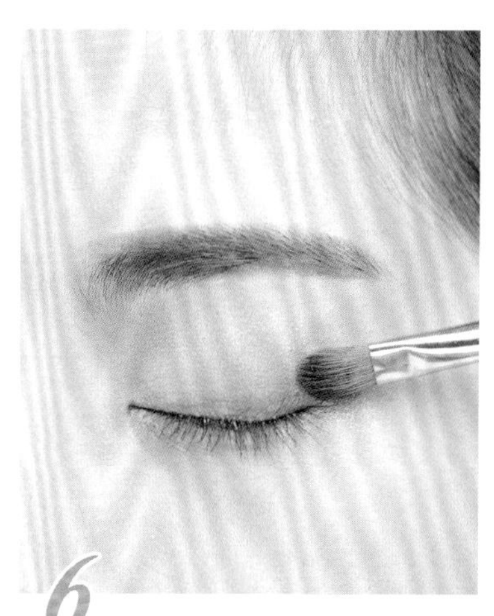

6 眼尾 1/2 处用烟灰色眼影晕染，注意眼影取粉不宜过多，上色后要过渡自然。

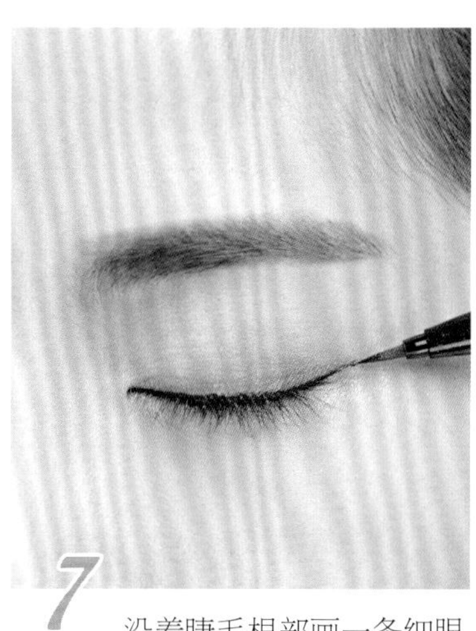

7 沿着睫毛根部画一条细眼线，填补睫毛根部，眼尾轻微上挑，拉长 2~3 毫米。

8 再次描画眼线，加粗并加黑眼线颜色。犀利的眼线会让眼妆看起来干净整洁。

9 用珠光白色眼影棒在下眼皮卧蚕位置上色。眼影棒是眼影膏的一种，用起来更方便。

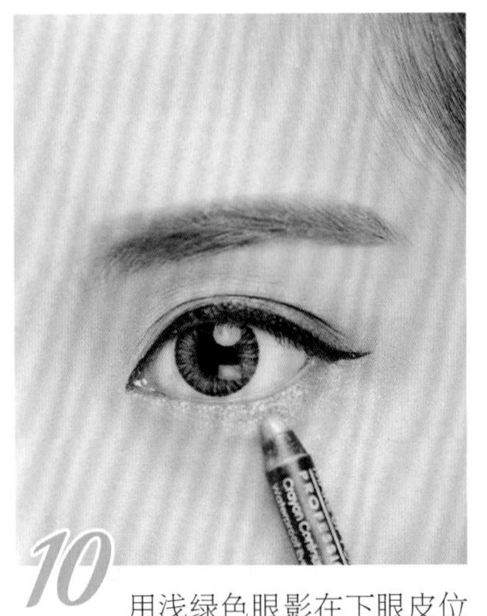

10 用浅绿色眼影在下眼皮位置从后往前晕染，颜色眼尾浓、眼头轻，范围后宽前窄。

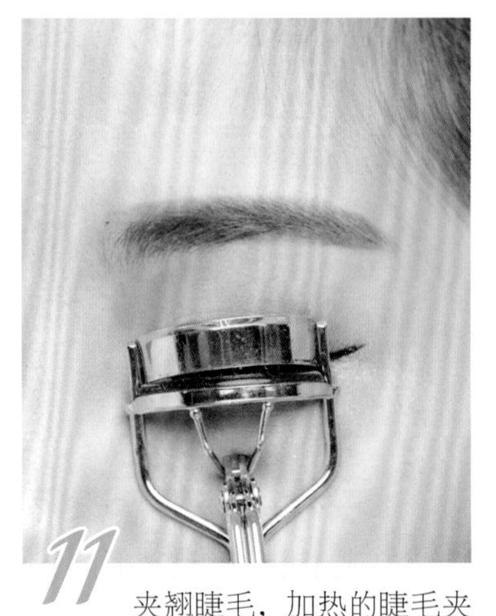

11 夹翘睫毛，加热的睫毛夹可以让睫毛卷度保持更持久、弧度更自然。

12 将自然款假睫毛涂好睫毛胶水，吹至半干方便贴上眼皮。

13 剪一小段假睫毛，长度略比眼球直径长，贴在眼球上方。用假睫毛放大双眼。

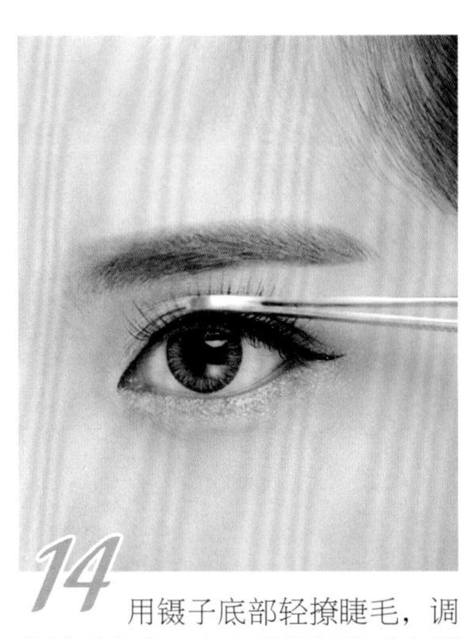

14 用镊子底部轻撩睫毛，调整睫毛角度。向上卷翘的睫毛有增大眼睛的效果。

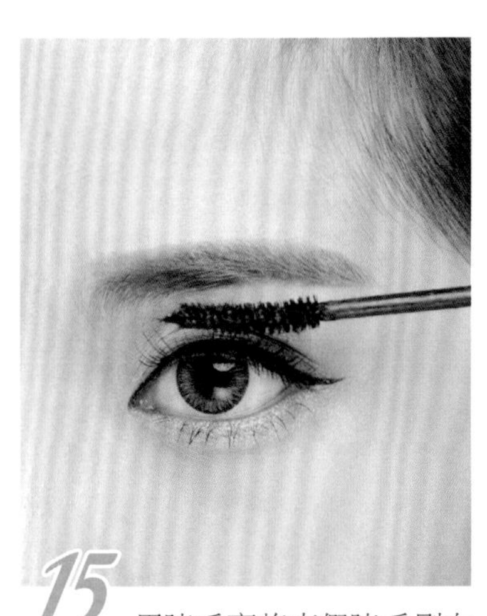

15 用睫毛膏将真假睫毛刷在一起，增加睫毛长度，打造根根分明的纤长睫毛。

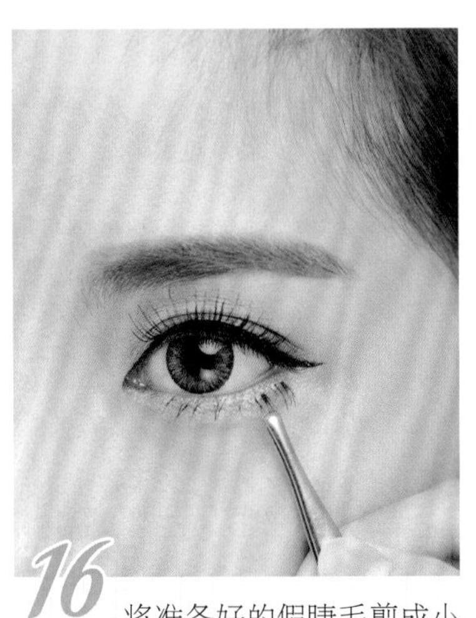

16 将准备好的假睫毛剪成小段，从后往前依次贴上，让假睫毛稍与下睫毛分开可以让眼睛看起来更大。

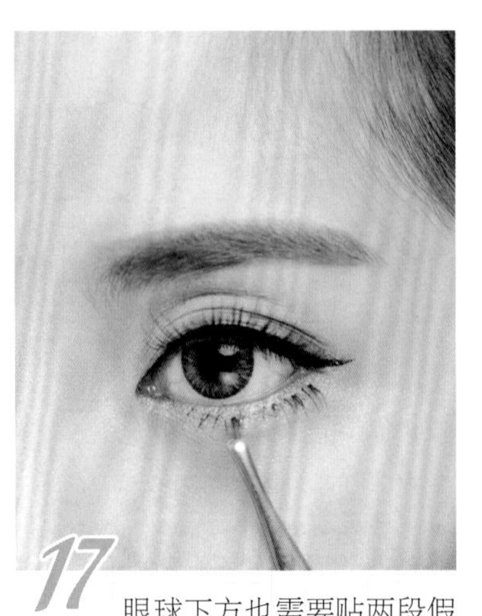

17 眼球下方也需要贴两段假睫毛。眼球的上下方加强睫毛，有强调年轻的大眼萌妹妆效果。

18 认真刷好睫毛，根根分明的睫毛可提升新娘可爱气质。

19 用腮红刷蘸取橘色腮红后，捏扁刷头横向刷。颧骨最高点颜色最深，两侧颜色过渡自然。

20 如果蘸取腮红太多、下手较重，则可以使用干净的腮红刷蘸取散粉晕染干净。

21 用扁平小号的斜角刷往鼻翼两侧轻刷延伸，使得妆容显得健康，充满青春活力。

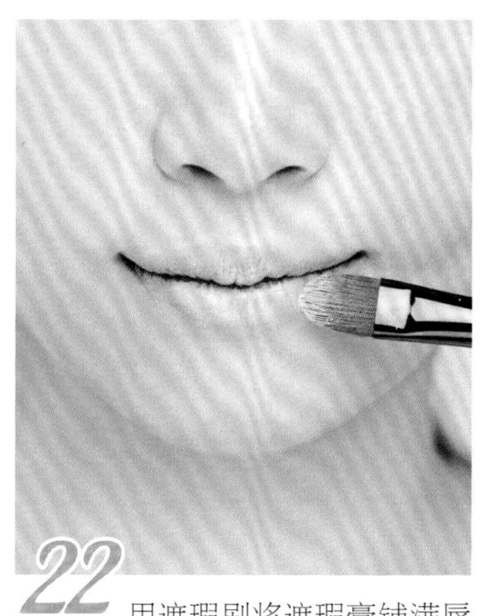

22 用遮瑕刷将遮瑕膏铺满唇部，遮盖唇色，保证唇膏上色均匀、显色。

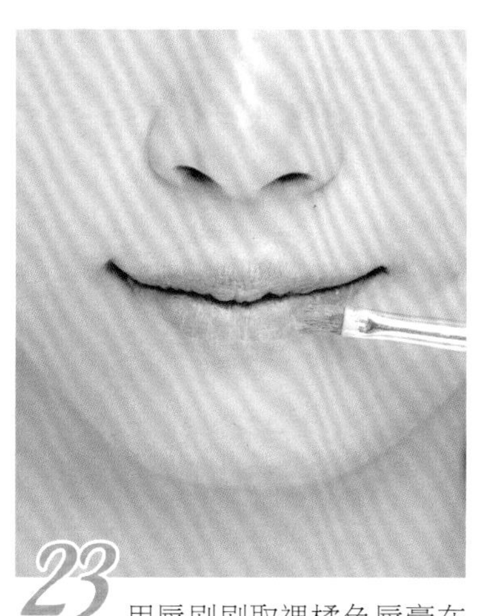

23 用唇刷刷取裸橘色唇膏在嘴唇内 1/2 处上色，细小的唇刷更可以精准控制涂刷位置。

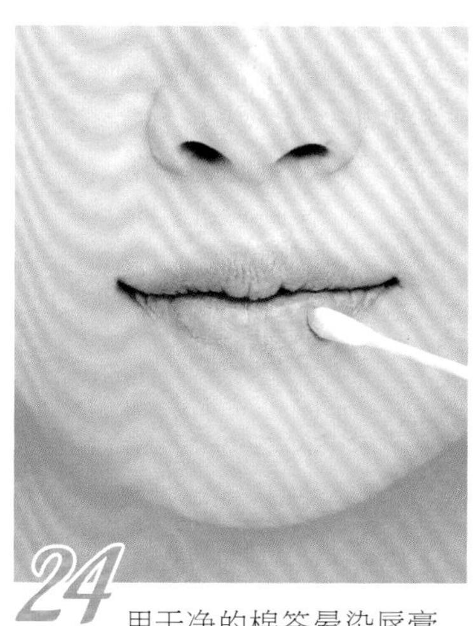

24 用干净的棉签晕染唇膏，渐变过渡自然，打造咬唇妆效果。

Before

After

橘色同时运用于脸颊和嘴唇，让新娘瞬间拥有落日晚霞般的迷人光彩。恰到好处的完美肤色，可提升五官年轻萌感。

将刘海全部梳起露出额头，突显精致五官，让新娘看起来精致又活泼。

Side

公主发型创造蓬松有层次的秀发，优雅有风范。

Back

绿色和白色的发饰镶嵌在秀发之中，营造清新的气质，变身纯洁精灵。

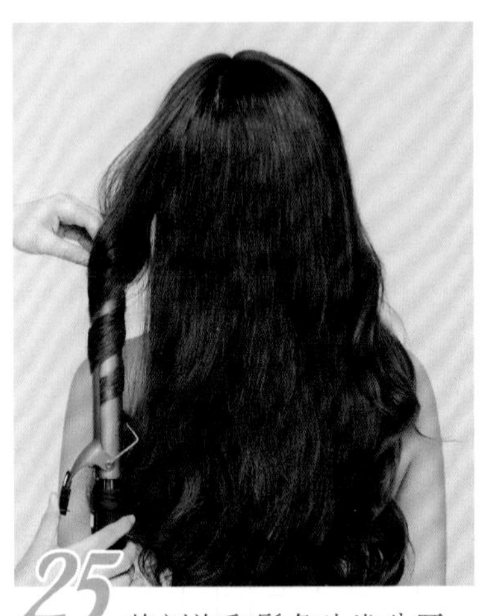

25 将刘海和鬓角头发分开，剩下的头发使用大号卷发棒向脸部卷烫 3~4 圈。

26 头发卷烫好后，将鬓发向外卷烫，卷烫高度大约与眼部齐平。

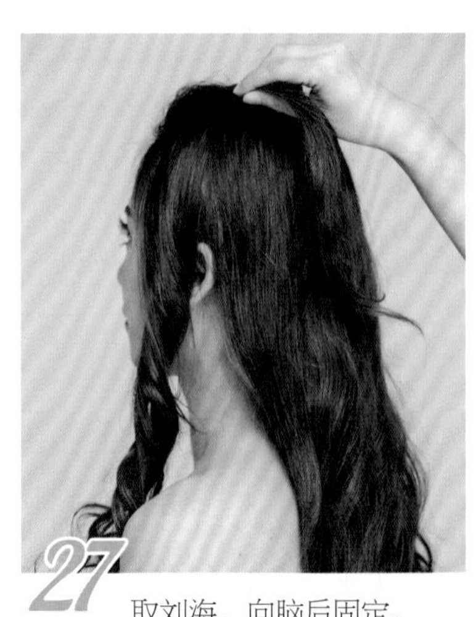

27 取刘海，向脑后固定。

28 把刘海在耳朵上方夹稳固定好。如额前碎发太多，可使用发胶等定型产品梳理。

29 将后区头发梳好，取外卷的鬓发待用。

30 向后扭拧鬓发。注意要用力较重，避免头发松散。

31 把扭拧的头发固定在脑后中心点，高度约和耳朵齐平。

32 从耳后再取一小缕发束，朝同一方向扭拧。

33 仍在中心点固定，轻轻抽取表面发丝，使发束自然松散开。

34 右边的鬓发按照同一方法，分两股扭拧至脑后固定住。再连接好中心点。

35 选用细小的绿梗白花发饰穿插在发丝间。

36 扭拧的发束依次插上发饰，带出温婉娇羞的清纯气质。

强调梦幻甜美感的日系新娘妆发

清新的妆面衬托了新娘的可爱，桃红色眼线别具一格，梦幻粉色给新娘带来公主般的美妙童话梦。

1 用粉底刷蘸取粉底，采用画圈或刷扫的方式将粉底涂抹均匀。

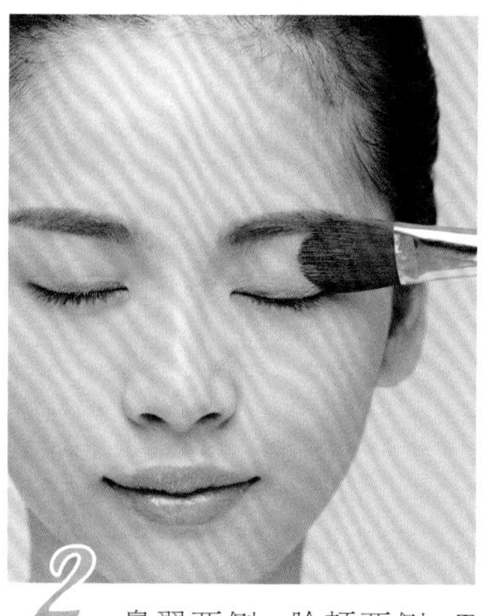

2 鼻翼两侧、脸颊两侧、T区和眼皮等部位肤色不均，需要用粉底遮盖。

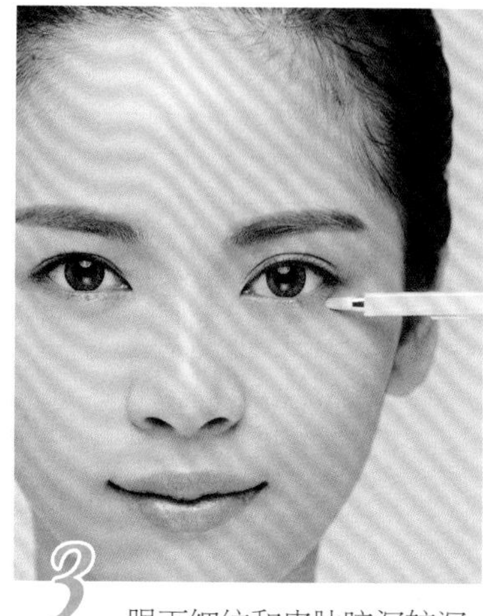

3 眼下细纹和皮肤暗沉较深，用滋润的浅色遮瑕膏点擦，起到遮盖暗沉和提拉眼角的作用。

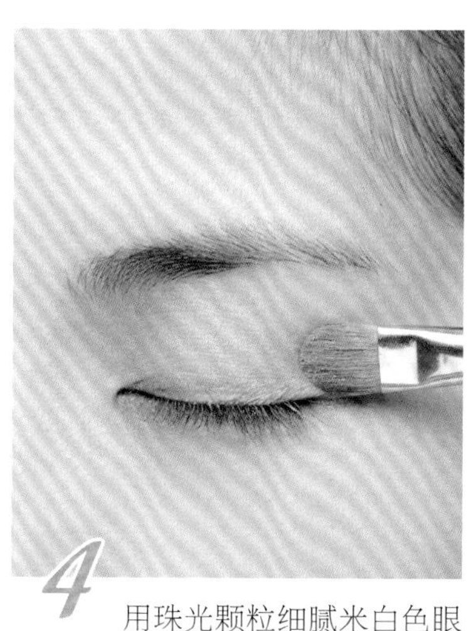

4 用珠光颗粒细腻米白色眼影大面积刷扫上眼皮，为整个眼妆打底。

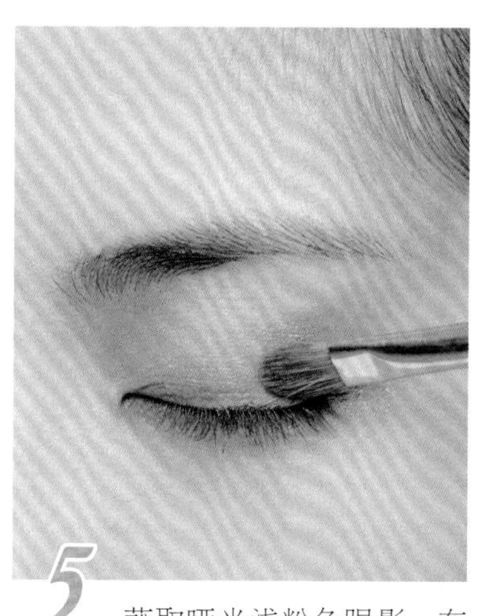

5 蘸取哑光浅粉色眼影，在双眼皮褶皱处来回晕染上色。

6 以眼头为起点，用黑色眼线液笔沿睫毛根部画基础眼线，注意填满睫毛根部。

7 用桃红色哑光眼线膏，从上睫毛根部的中间位置开始向眼尾画一条眼线，并沿着黑色眼线轻微上挑。

8 填补桃红色三角形与黑色眼线间的空隙，并加深颜色，桃红色眼线比黑色眼线拉长约1毫米。

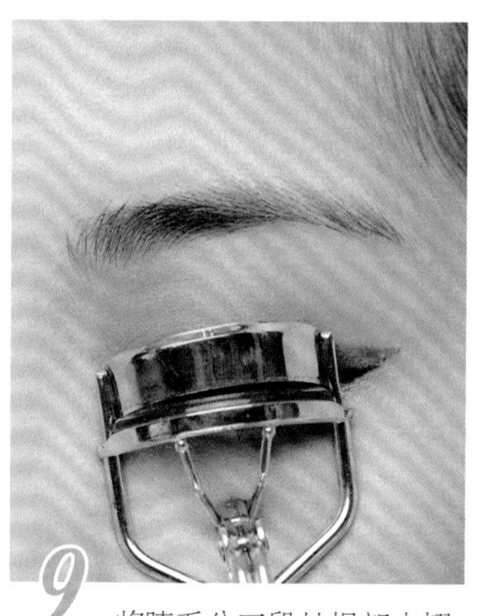

9 将睫毛分三段从根部夹翘，加热睫毛夹后再夹睫毛，可以使睫毛弧度更翘，定型更持久。

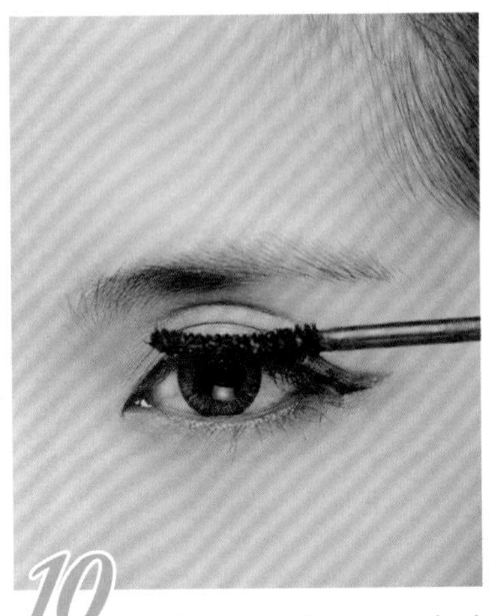

10 睫毛刷水平放置，从睫毛根部沿 Z 字运动轨迹来回刷，这样刷出的睫毛不易结块。

11 选一小段棕色自然假睫毛贴在眼尾位置，点缀眼妆，同时不要遮住眼线。

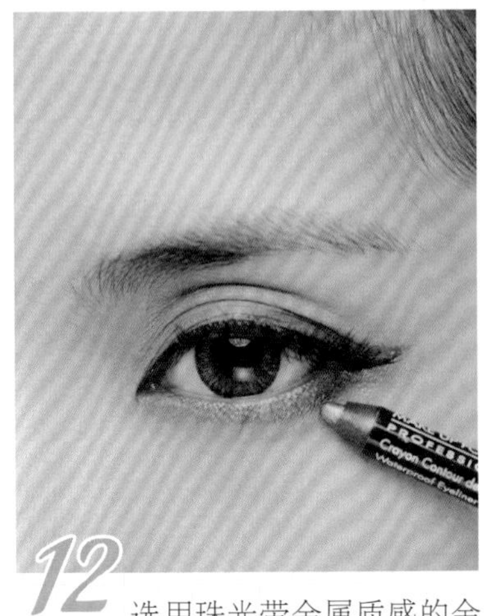

12 选用珠光带金属质感的金棕色眼影棒涂下眼影，从后向前上色，注意连接上眼线。

13 为避免刷下睫毛时睫毛膏碰到眼皮，可以把卡片或纸巾垫在眼皮下方。

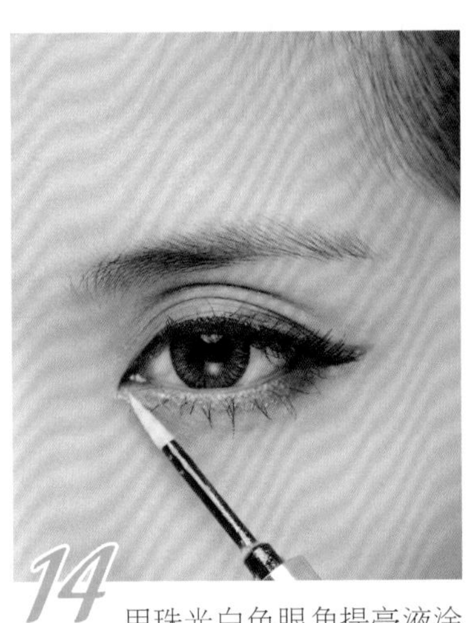

14 用珠光白色眼角提亮液涂抹眼角和下眼睑，可以提亮眼神。还可以增大眼白。

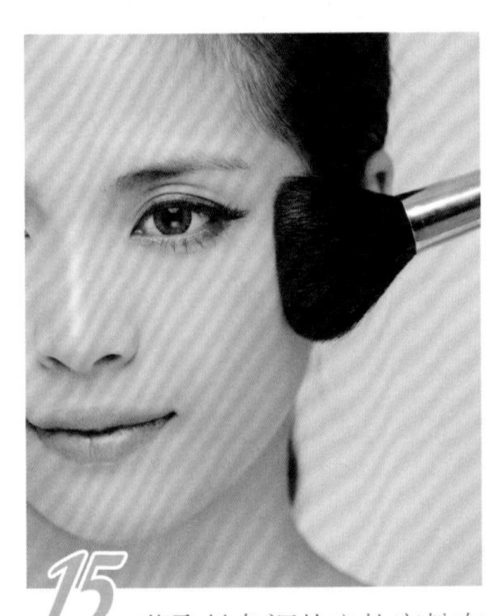

15 蘸取粉色调的定妆蜜粉在脸颊和鼻翼两侧轻扫，使用“戳”的手法可让妆容更持久。

16 选择粉红色的腮红，用小号的斜角腮红刷将之刷在眼下颧骨上方，小刷具能精准控制位置。

17 用干净、蓬松的腮红刷刷扫腮红边缘，让腮红边缘过渡自然，眼下颜色最浓。

18 蘸取高光粉在眉毛上方和眉心处提亮，加强面部立体感，在视觉上提拉面部线条。

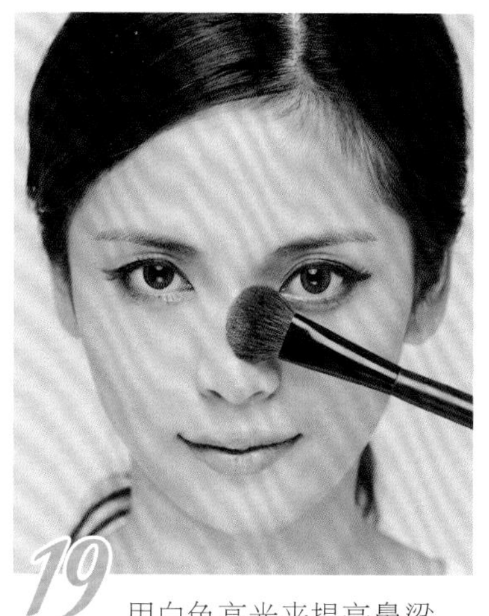

19 用白色高光来提亮鼻梁，鼻梁上笔直轻刷，达到自然立体的效果，打造高挺鼻子。

20 将白色高光在下巴中间涂成倒三角形，打造立体的脸部和精致的下巴，让下巴显尖翘。

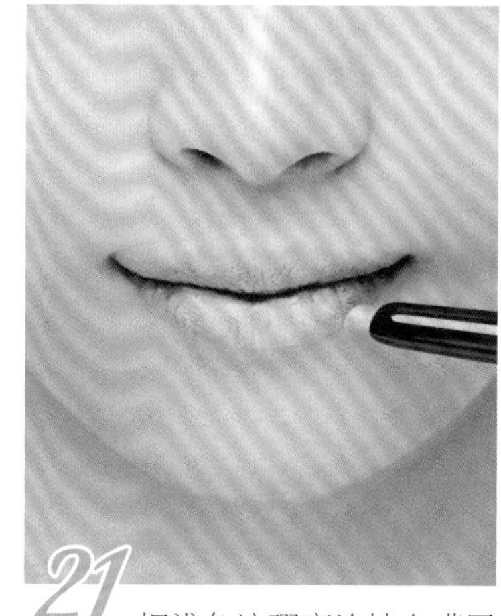

21 把浅色遮瑕膏涂抹在嘴唇上，起到遮盖唇色、保持唇膏色彩的作用。

22 把桃粉色的唇膏涂满双唇，厚涂唇膏能够完美表现出唇膏质感和色彩。

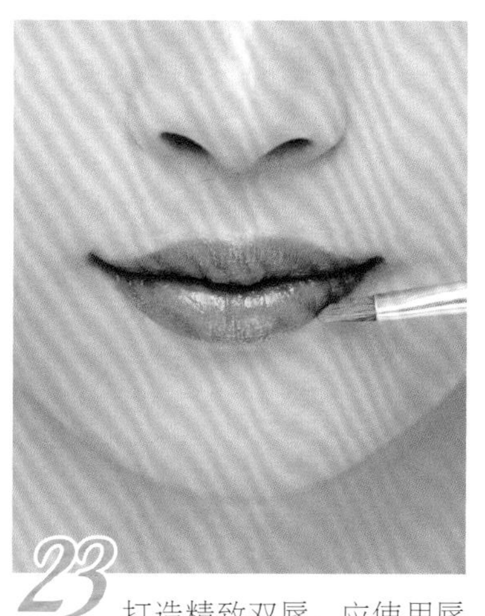

23 打造精致双唇，应使用唇刷，不仅均匀上色，还可以描画出自然的唇形。

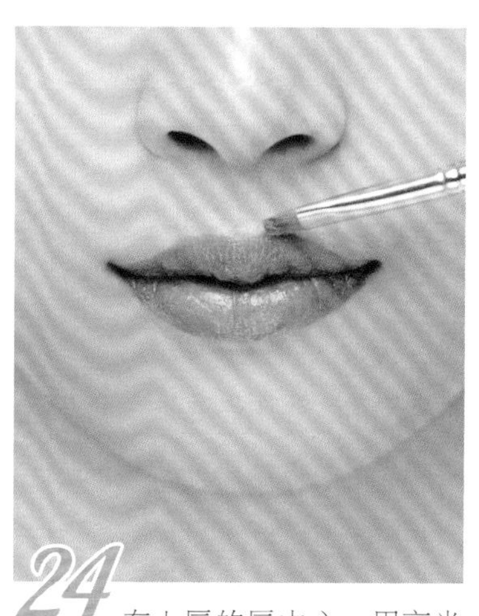

24 在上唇的唇中心，用高光提亮液画一个 V 字，打造可爱丰润双唇。

Before

After

腮红一改常规的画法，在眼睛下方晕染出绚丽夺目的巴洛克效果，巧用高光打造小巧 V 字形脸。

清新简约的发型干净利落。独特的公主头赋予了新娘不一样的感觉，个性十足又不失奢华美感。

Side

复古的公主头搭配编发和卷发，打造优雅、流畅的线条美。

Back

有了头饰的点缀，发型会显得完整，且突显大方优雅的气质。

25 将新娘头发一九偏分，分别梳好，额前的碎发用定型产品抚平。

26 取刘海，用大号的卷发棒从发尾自下而上内卷螺旋状卷烫，高度与眼睛水平。

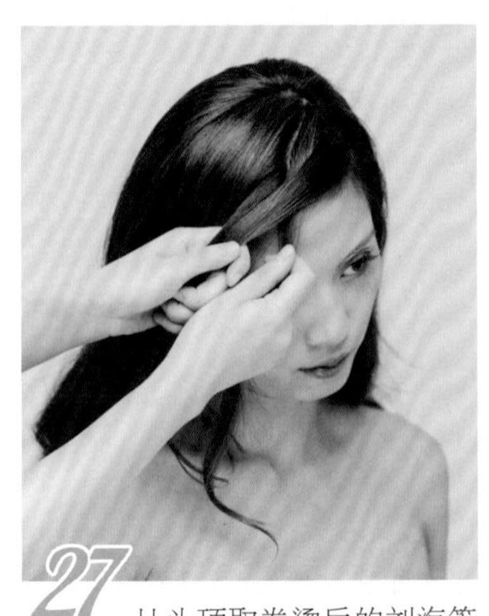

27 从头顶取卷烫后的刘海等分成三缕头发，进行编发。

28 基本编法参照蜈蚣辫编法，每次从头顶处取一缕发束为一股，加入到其他的两股发束中间形成编发。

29 编发时注意用力均匀，取发的发量均等，编至耳朵上方位置即可。

30 从耳朵上方开始变为三股麻花辫，编至发尾后用皮筋扎好固定。

31 取左耳后上方鬓角头发，与后面的头发分开，梳整齐待用。

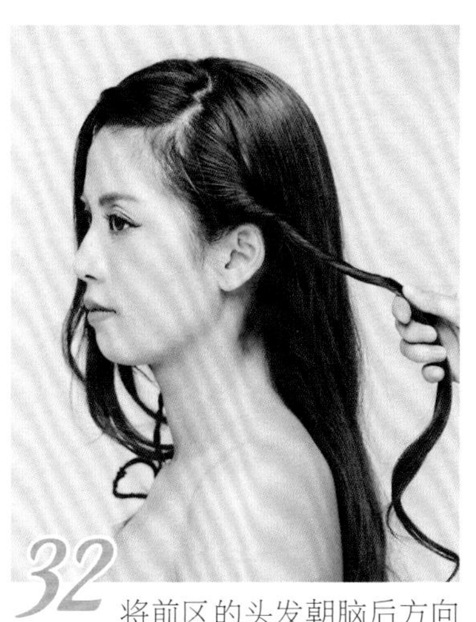

32 将前区的头发朝脑后方向拧卷，拧卷的力度不宜太小。

33 撩开后区散发的一部分，将已拧卷的这股头发从脑后枕骨沿着发际线缠绕并固定好。

34 取右边的刘海编辫，在耳朵上方水平横放，将编辫发尾与拧卷的那股头发相连接。

35 把横向透明水晶树叶型发饰固定在辫子上方，注意发饰要高于辫子。

36 发饰尾部用黑色发夹固定好。如发饰较重，可以多使用发夹，避免滑落。

适合搭配拖尾长纱的日系新娘妆发

长长的拖尾流露出典雅与奢华，回眸一望，饱含幸福、娇羞可人的情感。长拖尾婚纱适合身材高挑的新娘。

1 用粉底刷将粉底刷在脸上，从内到外、从下到上涂抹。

2 使用粉底刷可能会留下一些刷痕，再用海绵粉底扑轻轻按压涂抹，均匀刷痕。

3 蘸取透明的定妆散粉，刷扫在脸颊、鼻翼两侧等易出油位置。

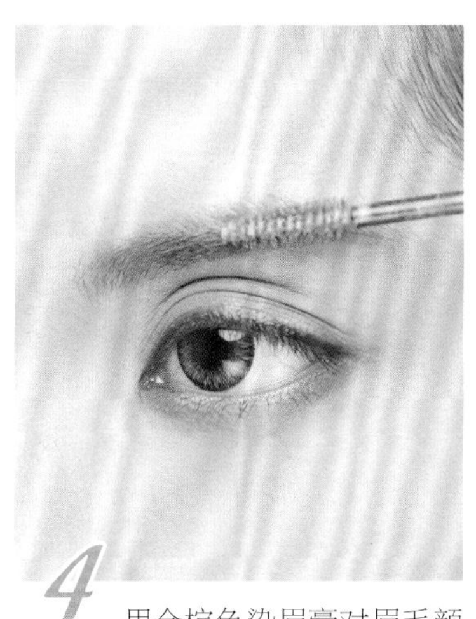

4 用金棕色染眉膏对眉毛颜色进行调整，使眉毛颜色变浅，贴合妆容。

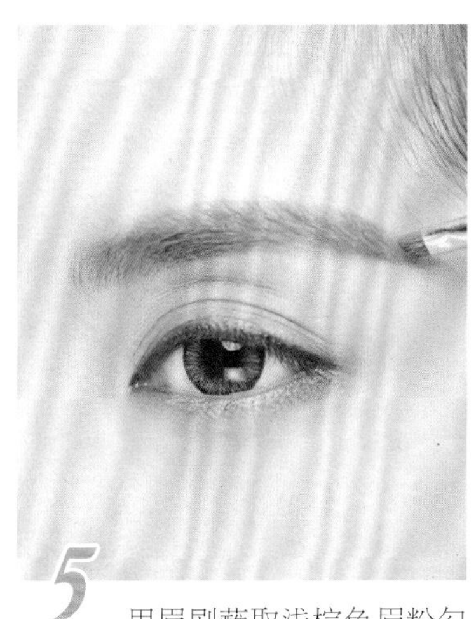

5 用眉刷蘸取浅棕色眉粉勾勒眉形，再顺着眉毛生长的方向填充颜色。

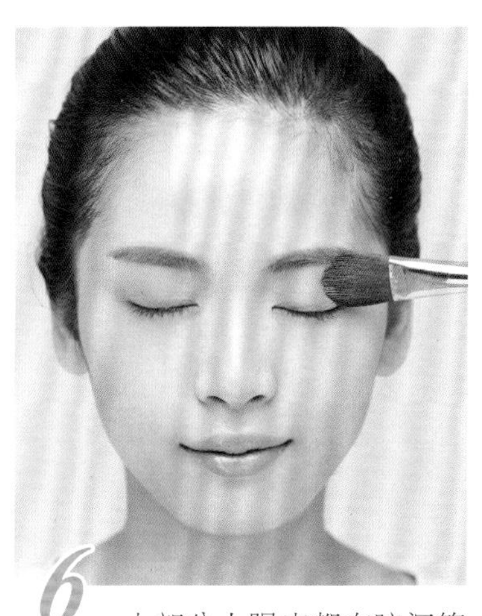

6 大部分人眼皮都有暗沉等色素沉淀，将刷脸部的粉底刷的余粉刷在眼皮上。

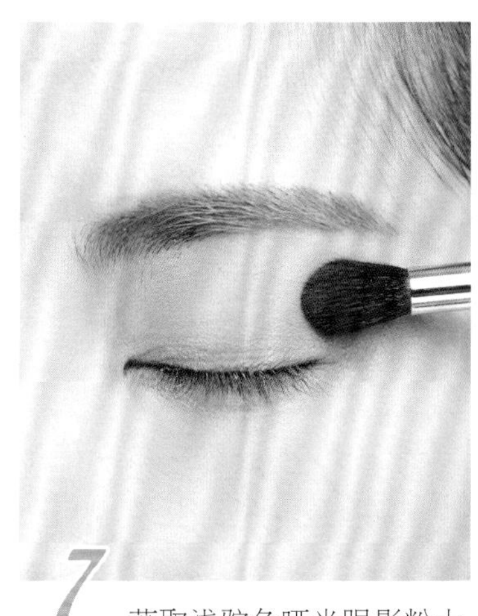

7 蘸取浅驼色哑光眼影粉大面积铺扫上眼皮，为眼部妆容打底。

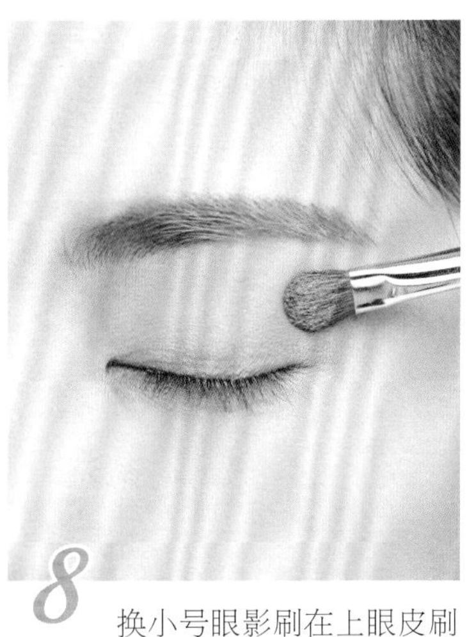

8 换小号眼影刷在上眼皮刷上浅珊瑚粉棕色，注意要小于浅驼色眼影范围。

9 蘸取银灰色眼影，在双眼皮褶皱里来回刷扫，眼尾位置可适当加深。

10 用半珠光浅驼色在下眼皮来回上色，为下眼皮上色打底。

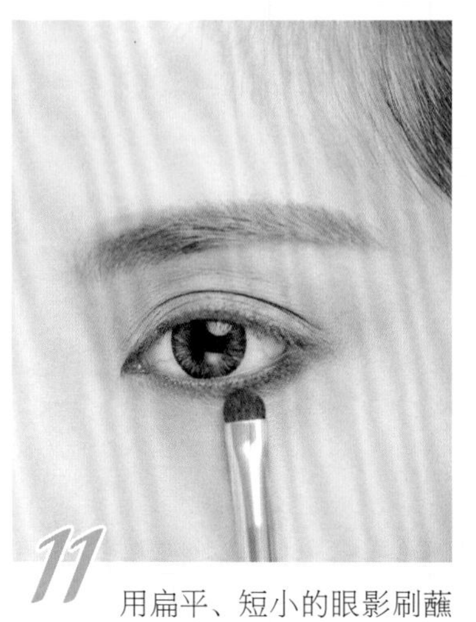

11 用扁平、短小的眼影刷蘸取黑灰色的眼影，在下眼皮眼睑位置涂抹。

12 用哑光黑色的眼线液笔紧贴睫毛根部画基础眼线，眼尾轻轻拉长。

13 深色眼线和黑色的眼线可以使眼线不突兀，下眼线尽量靠近黏膜位置。

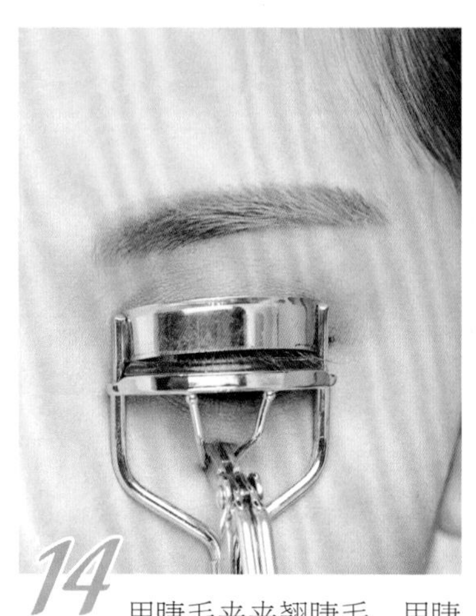

14 用睫毛夹夹翘睫毛，用睫毛专用电热卷烫器效果会更好，睫毛卷翘会更持久。

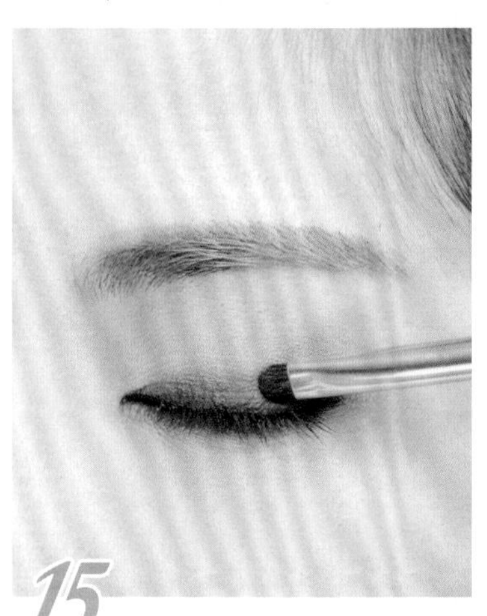

15 蘸取深棕色眼影紧贴睫毛根部刷扫并来回晕染，让眼影色彩更有层次。

16 选用眼尾加密型假睫毛，胶水半干时，先贴睫毛中部，两端再用夹子调整位置。

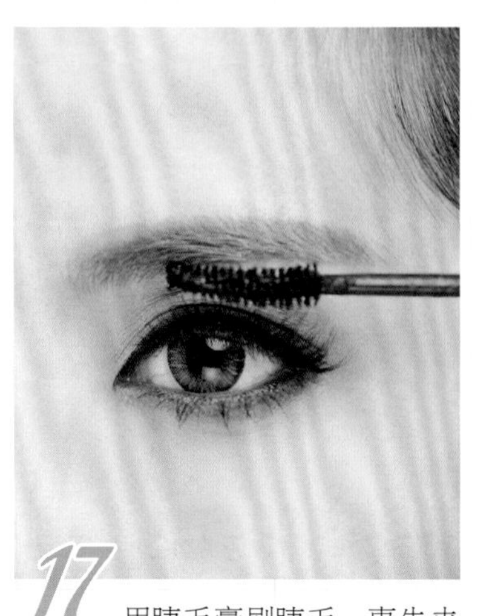

17 用睫毛膏刷睫毛。事先夹好的睫毛更容易与假睫毛刷在一起，且不分层。

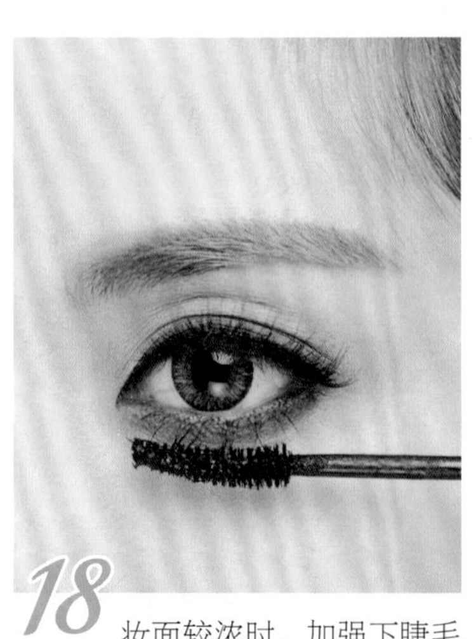

18 妆面较浓时，加强下睫毛可以使眼妆更和谐，同时打造明眸大眼。

19 打造日系新娘浪漫可爱妆容，多使用高位腮红。蘸取粉色腮红轻扫苹果肌。

20 将腮红刷上残留的腮红粉带过颧骨上方，晕染腮红边缘，使之过渡自然。

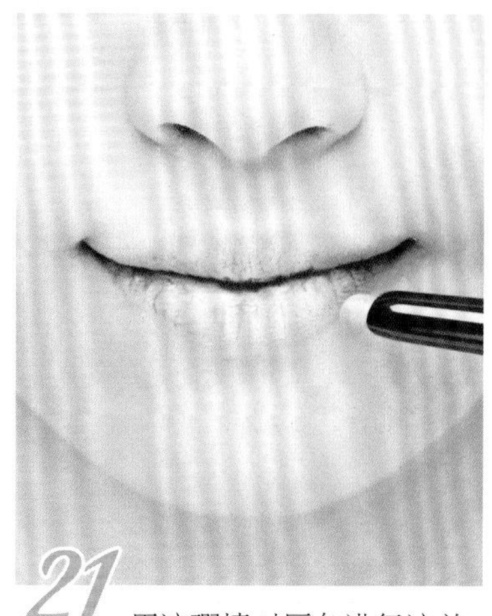

21 用遮瑕棒对唇色进行遮盖，便于唇膏的上色和唇形的重造。

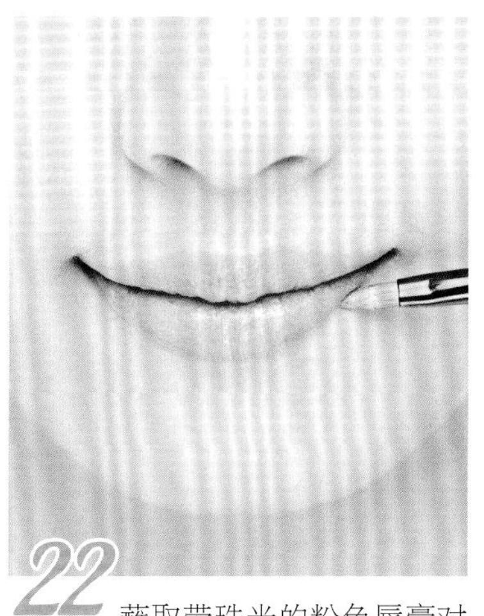

22 蘸取带珠光的粉色唇膏对唇部进行上色，使用唇刷涂抹唇膏可深入唇纹上色。

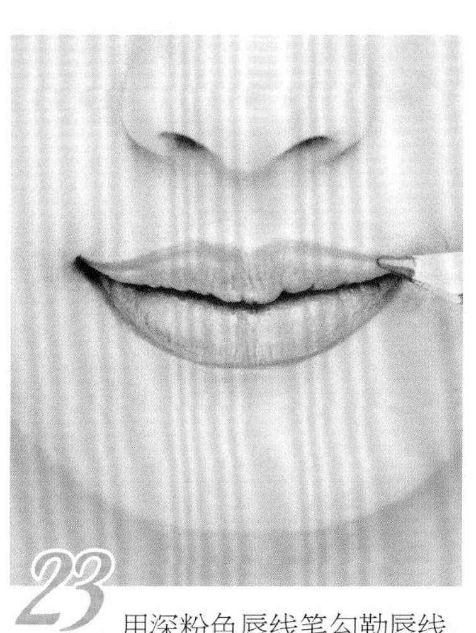

23 用深粉色唇线笔勾勒唇线，使用唇线笔可以轻松勾勒出想要的唇形。

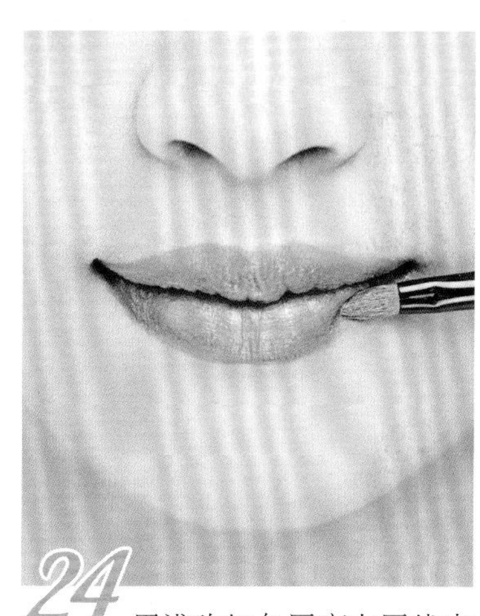

24 用浅玫红色唇膏在唇线内部涂抹，唇线和两层唇膏的结合可以使唇色保持更持久。

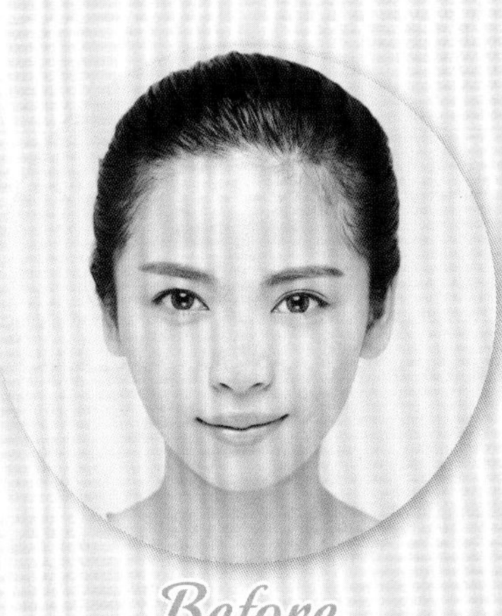

Before

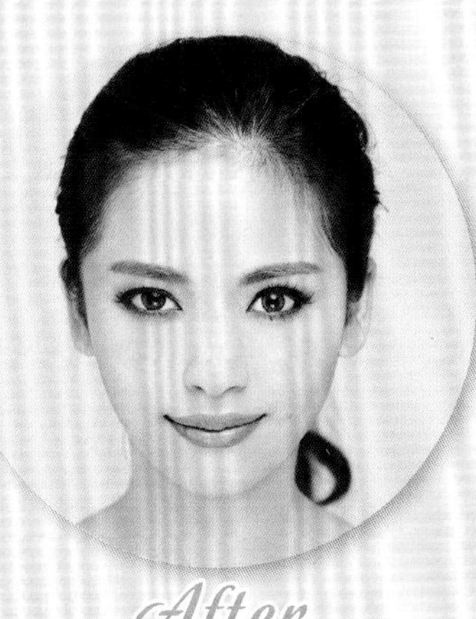

After

绽放在脸颊的高位腮红，让新娘娇俏可人。在纤长睫毛的衬托下，一双会说话的明眸大眼仿佛在述说甜蜜的幸福。

轻盈的发卷和唯美的鲜花夹带着梦幻、清新气息，极简的造型让新娘显得灵动、仙气十足。

Side

两侧蓬松的发尾显得发量多且富有弹性，有很好的瘦脸效果。

Back

松散、卷翘的发丝结合浪漫的花朵，让整个发型显得清新脱俗。

25 将新娘头发中分，涂抹少许定型产品将头发表面毛燥抚平。

26 取左侧头顶一束头发，等分为两份。

27 将已取头发分为四份，编四股辫。四股辫比三股辫更精细。

28 向下编一段后，将辫子逐渐朝脑后位置编发。

29 编好后用小皮筋扎紧，轻轻抽散辫子表面头发，使辫子更蓬松。右侧编同样的辫子，见步骤26~28。

30 取头顶底层头发，用打毛梳或细齿梳倒梳头发使之看起来发量更多。

31 把头顶表面头发梳至光滑，扭拧头发使之在脑后拱起一个发包。

32 发包用黑色发夹固定夹好，发包固定位置为整个发型的中心点。

33 将左右两侧编辫向脑后中心点下方交叉，并固定好。

34 选用粉紫色、粉色花朵沿着辫子插进头发，使用真花效果更好。

35 将花朵依次排列好固定，尽量让花朵排列有序、紧实。

36 选用长条状绿叶穿过花朵，在连接发包中心点固定好，完成整个发型。

让鱼尾婚纱更复古的日系新娘妆发

复古的妆面中，深邃有神的大眼和高挑的眉形是不变的经典；猫眼般魅惑的独特眼线展现新娘慵懒神秘感；立体的五官，大方自然地呈现新娘优雅与妩媚。

1 用粉底刷将贴近新娘肤色的粉底涂刷在脸部，涂刷顺序为从里向外、从上到下。

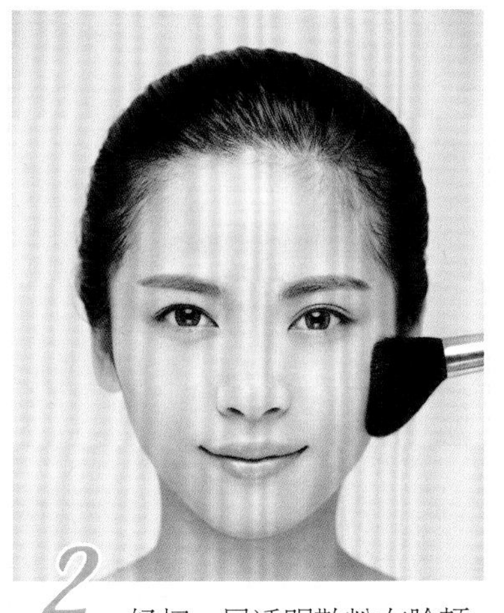

2 轻扫一层透明散粉在脸颊、鼻翼两侧，可使粉底更贴合面部、延缓脱妆时间。

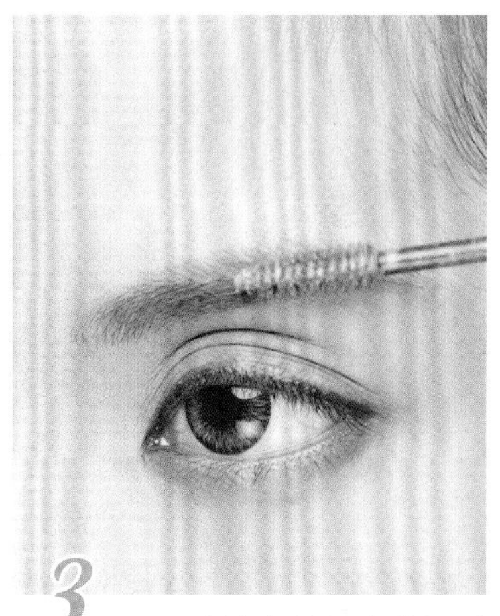

3 用浅金棕色染眉膏将眉毛颜色染浅。浅色眉毛不突兀，配合妆容突出眼唇妆面。

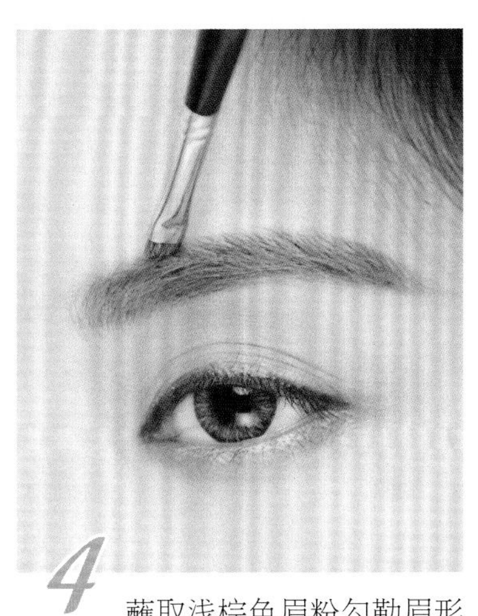

4 蘸取浅棕色眉粉勾勒眉形并填色。注意带复古气质的妆容眉峰要较高。

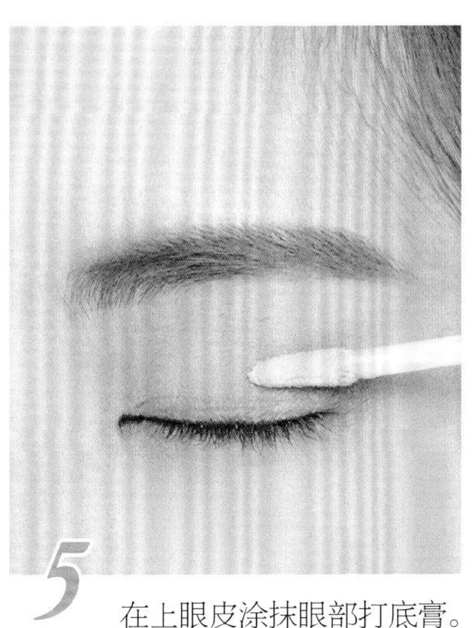

5 在上眼皮涂抹眼部打底膏。使用眼部打底膏可以控制眼部出油的时间，让眼影更显色、持久、不易晕染。

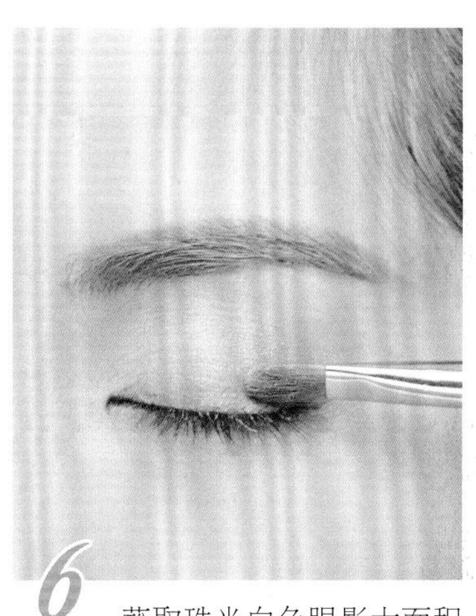

6 蘸取珠光白色眼影大面积涂刷在上眼皮，眼球上方中间部位重点上色，提亮眼睛。

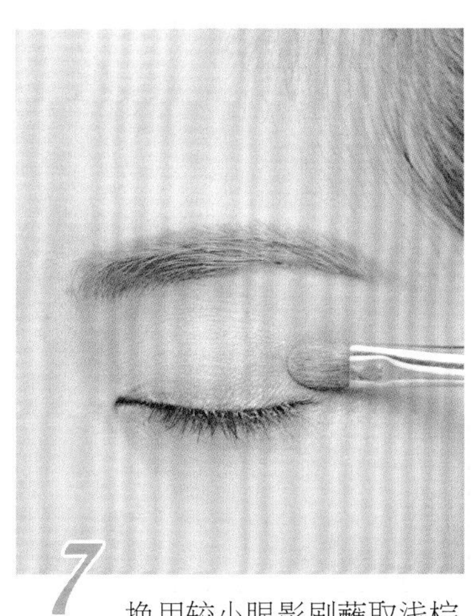

7 换用较小眼影刷蘸取浅棕色眼影涂刷眼尾位置，向斜上方晕染眼尾 1/3。

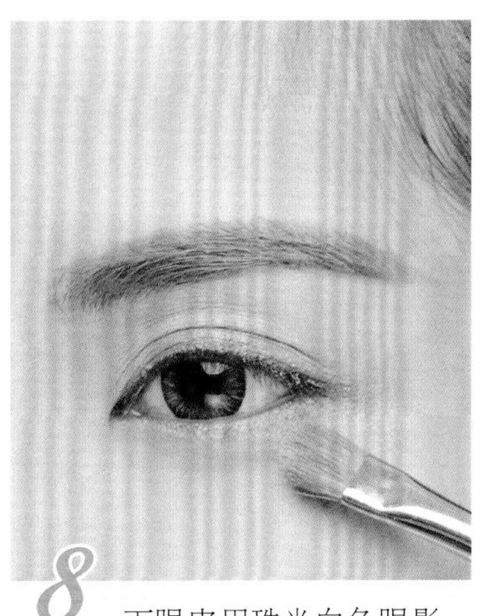

8 下眼皮用珠光白色眼影，从眼头开始向后晕染，重点加强三角区域并向眼尾刷扫。

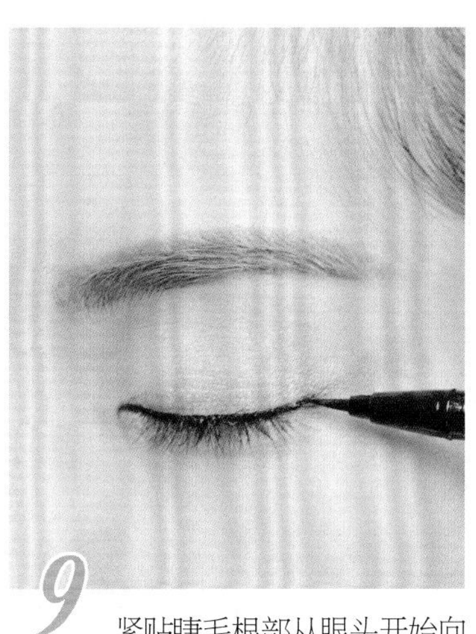

9 紧贴睫毛根部从眼头开始向后画基础眼线，注意填满睫毛根部。

10 描画加粗基础眼线，填补眼头眼线，起到开眼角的作用，在眼尾上挑拉长3~4毫米。

11 用眼线液笔加粗眼尾拉长的眼线。

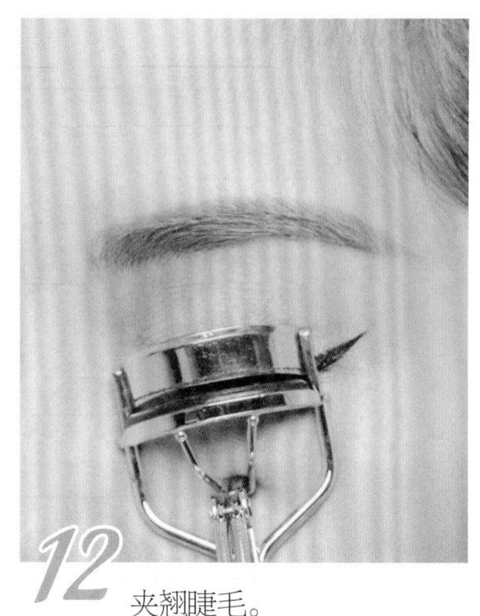

12 夹翘睫毛。

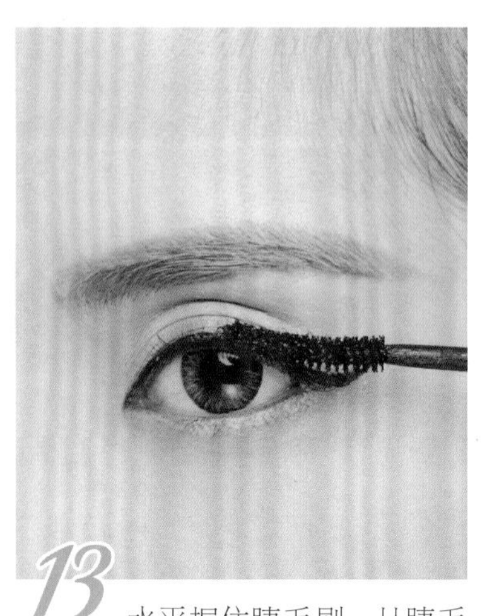

13 水平握住睫毛刷，从睫毛根部沿Z字形运动轨迹刷涂睫毛膏，刷翘睫毛。

14 贴上纤长款假睫毛，用镊子夹取和调整假睫毛位置更方便。

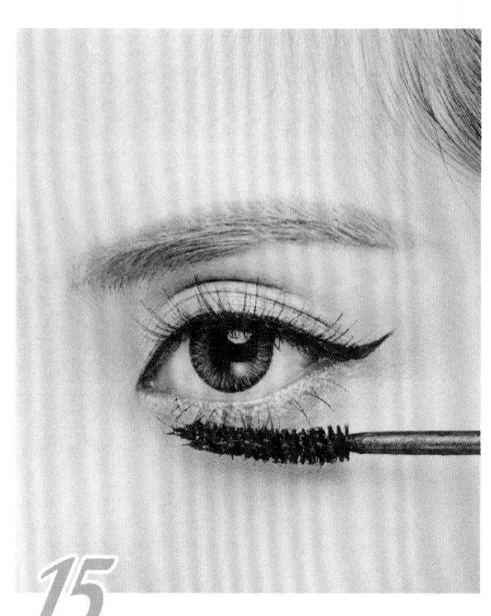

15 贴好假睫毛后，用睫毛膏将真假睫毛刷在一起，下睫毛也要认真涂刷。

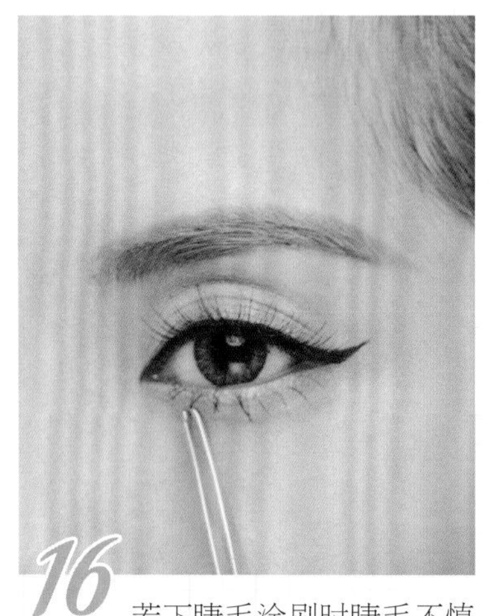

16 若下睫毛涂刷时睫毛不慎刷结在一起，可用镊子轻轻夹住并分开。

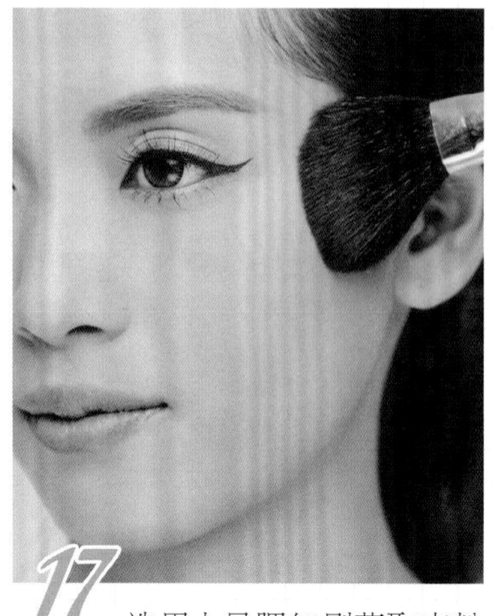

17 选用大号腮红刷蘸取杏粉色腮红，沿下苹果肌位置开始刷扫，至颧骨上方。

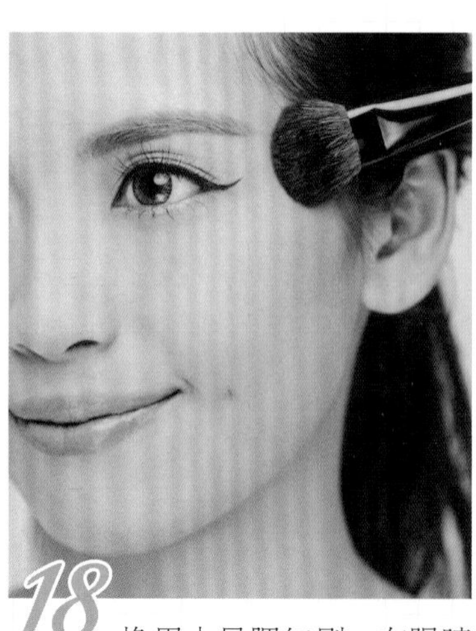

18 换用小号腮红刷，在眼睛之后、发际线之前打圈扫刷，塑造立体高位腮红。

19 用小号斜角修容刷蘸取哑光浅棕色修容粉，刷扫在眼窝位置，打造立体鼻梁。

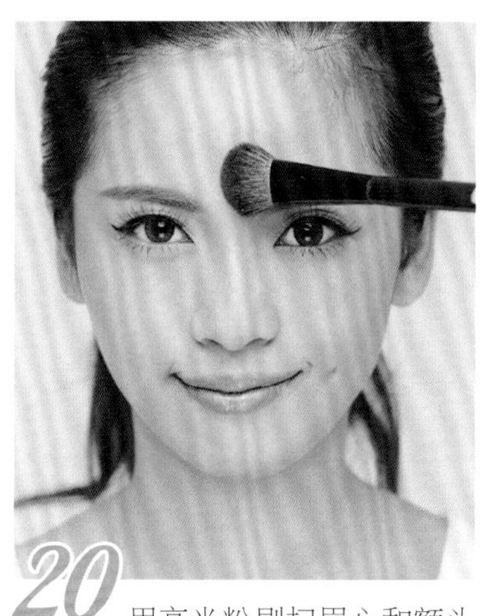

20 用高光粉刷扫眉心和额头上方，提亮面部，打造复古妆容。

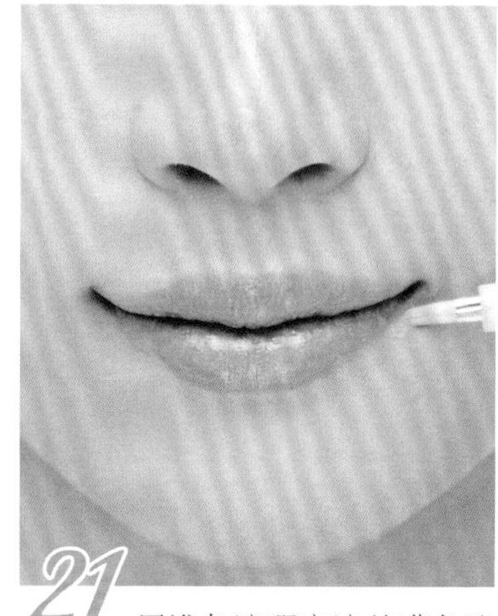

21 用浅色遮瑕膏遮盖嘴角暗沉和细纹，起到提拉嘴角的作用。

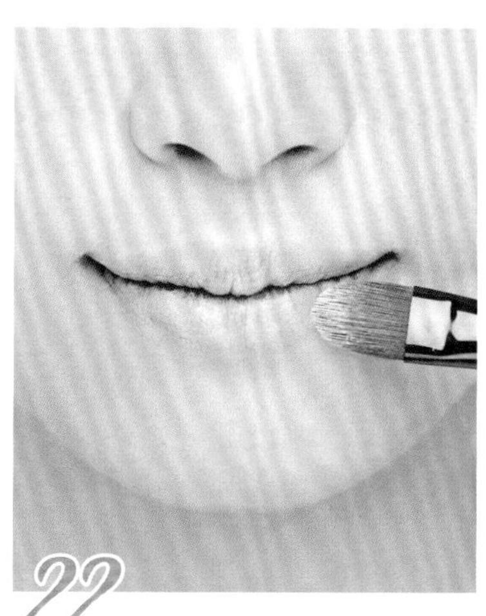

22 换用大号遮瑕刷遮盖唇色，让后续唇膏的上色更显色、持久。

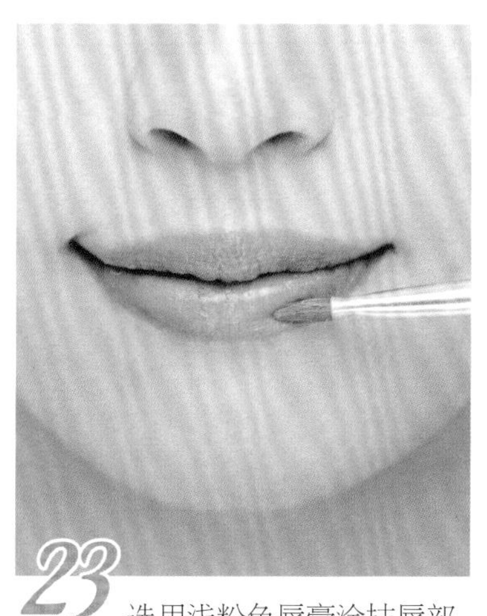

23 选用浅粉色唇膏涂抹唇部，使用唇刷可以轻松涂刷到嘴角且抹匀色彩。

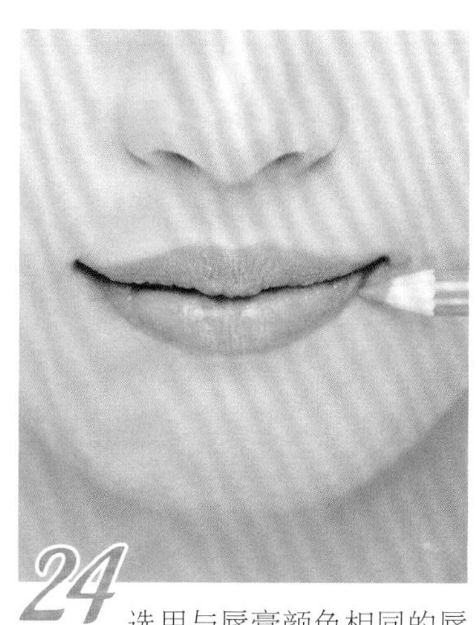

24 选用与唇膏颜色相同的唇线笔，仔细描画唇线，边缘清晰的唇线体现复古特点。

Before

After

结合日系妆容和复古妆容的特点，选用唇膏和唇线笔打造丰润双唇；高光和阴影的塑造以及有层次的面部妆容将复古味道体现出来。

发散状的头纱在视觉上收敛了面部，让新娘看起来更精致小巧，网格头纱更是将复古的韵味发挥得淋漓尽致。

Side

刘海卷绕向后收拢，自然流露优雅的感觉。

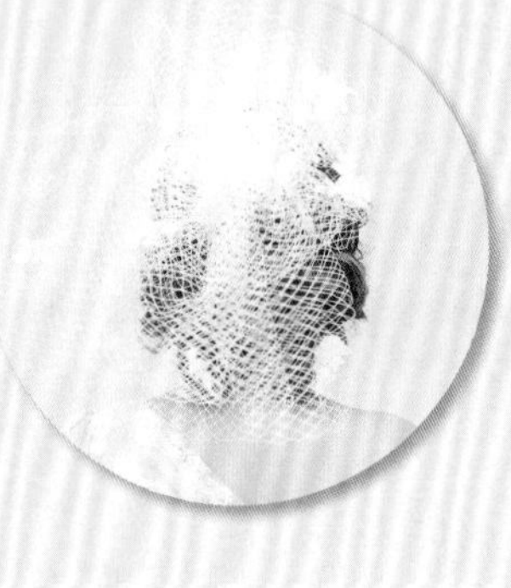

Back

轻盈扩散的头纱，有良好的以饰扩体的效果。

25 选用大号的卷发棒将新娘全部头发卷烫，从发梢开始向内卷烫。

26 用梳子将卷烫好的头发梳顺，想要更蓬松的效果可以用手指代替。

27 分左侧耳朵上方鬓角头发撩至胸前待用，再取头顶下方发束扭拧。

28 将扭拧的头发卷绕成松散的发包，固定在脑后左侧区域。

29 撩开头顶头发，取中部底层头发扭拧，扭拧力度不宜太大。

30 同左侧头发，将头发卷绕成团并固定好，让头发表面较为蓬松。

31 取右侧头发同头顶头发逆时针扭拧。注意上部分发卷较粗，力度要小。

32 抽散表面发丝后，连接第二个发包并固定好，用手指轻轻整理造型。

33 取左侧的一束头发，相互扭转成股，向后拉并在发尾卷成圈，固定在发髻上。

34 将左侧剩余散落的头发集中成一股，拧结后绕至发髻上，用夹子固定。

35 距离头发约 30 厘米处喷上定型产品，让秀发定型持久不松散掉落。

36 选用较硬的网格状嵌蕾丝小花头纱，整理头纱使之呈放射形状。

打造日系新娘妆发的 4 个诀窍

日系新娘造型多突出可爱、俏皮的感觉。选用带有光泽感的粉底，配高位腮红和樱桃小嘴，让新娘看起来娇俏、可爱，轻轻描画的眉毛减龄效果极佳。日系新娘造型也非常注重卷发棒和气囊梳的应用，可让发量更多，蓬松度更好。

妆容上必须牢记的 4 个要点

光泽底妆

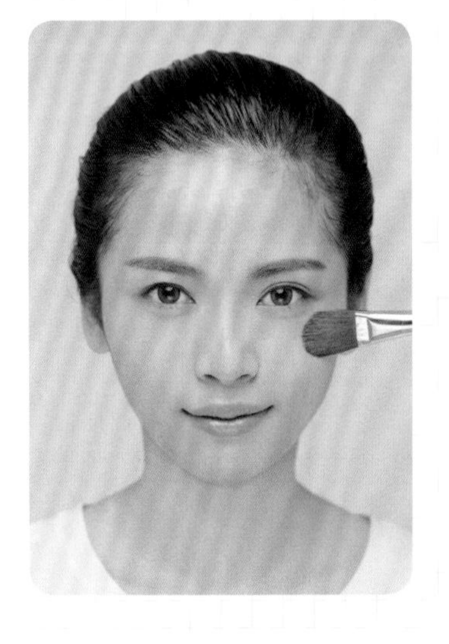

Point: 通过清透的底妆上妆技巧，轻松打造完美裸透妆容。无论何时肌肤都要保持清爽清透、莹润光泽。小面积遮盖瑕疵斑点，并覆盖上蜜粉，令皮肤看起来无暇透亮，宛若婴儿娇嫩肌肤。

高位腮红

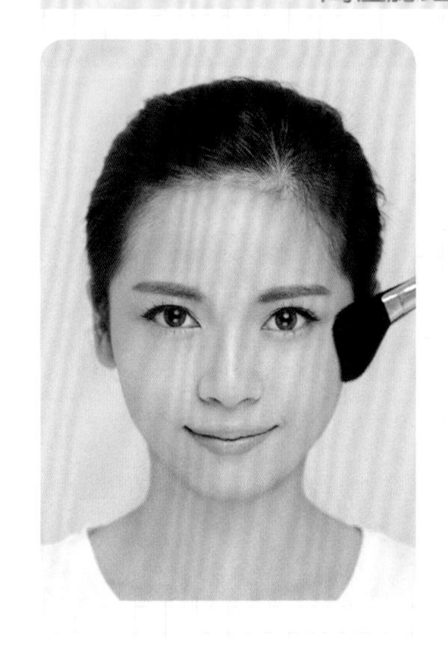

Point: 夸张的腮红是日系新娘造型的一大亮点。活力甜美、知性优雅或时尚等风格，都离不开娇嫩的脸庞，让双颊犹如盛放的玫瑰绽露迷人光彩。

唇部遮瑕

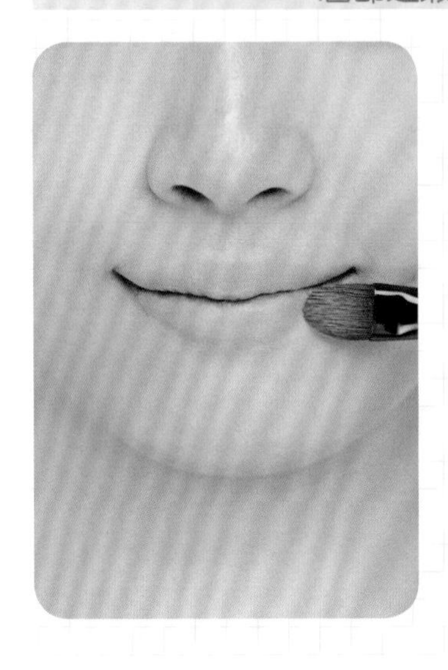

Point: 裸唇妆和咬唇妆都是日系造型中较常见的唇妆。打造这两类唇妆需要用遮瑕膏将原本的唇色遮盖，后续的唇膏上色和塑造新的唇形会更方便。

眉色减淡

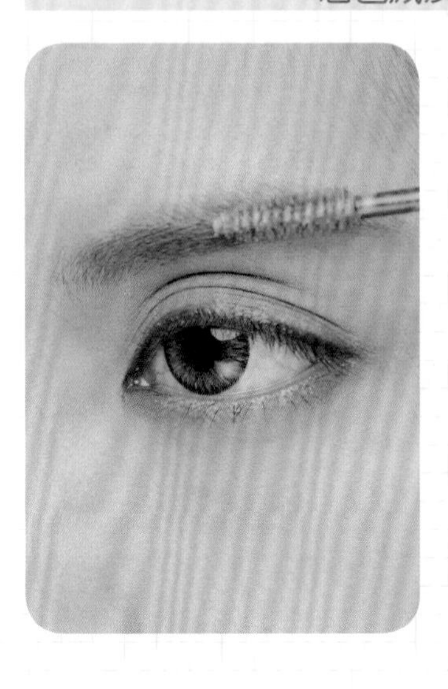

Point: 日系淡眉仅仅需要一个流畅线条和自然不违和的颜色。不必刻意强调眉形，依原生眉形描绘即可。

发型上必须牢记的 4 个要点

发量丰盈

Point: 平扁的头形适用密齿梳将内层头发倒梳，以拱起外层头发，使之看起来发量充盈。也可以用卷发棒或吹风筒对准头发根部倒吹，可以达到同样效果。

鬓发处理

Point: 日系鬓角鬓发的处理多依赖于卷发棒。使用小号和中号的卷发棒烫卷，外翻和内扣根据新娘的脸型决定。一般来说，脸型娇小的适合内扣、内敛的发型，而脸部轮廓较为硬朗的适合厚度较宽、轻盈灵动的外卷发型。

注入空气感

Point: 有层次、有纹理的卷烫让秀发丰盈柔顺，具有动感。使用卷梳或气囊梳能够打造充满空气感的卷发造型。

清爽定型

Point: 日系发型倾向使用清爽不带油光的哑光定型产品。干净整洁的发型，没有过多的装饰和烫染，以最自然的效果呈现出秀发的光泽盈亮。细节要处理整洁，提升整体造型的精致程度。

Chapter 3
韩系新娘化妆发型实例

每个女生都渴望成为韩剧中的浪漫新娘。以优雅简洁著称的韩系新娘不热爱浮夸的婚礼造型。“无妆胜有妆”的裸妆效果是她们优雅动人的关键所在。在基础的底妆之上运用一些小技巧，能通过细节点亮整体。

打造优雅气质的韩系新娘妆发

突出优雅的韩式新娘造型，展现新娘端庄优雅气质。妆容简洁、大方，适合五官较为立体的新娘。

1 选用淡粉色带珠光的妆前乳，以保持一整天的好气色。

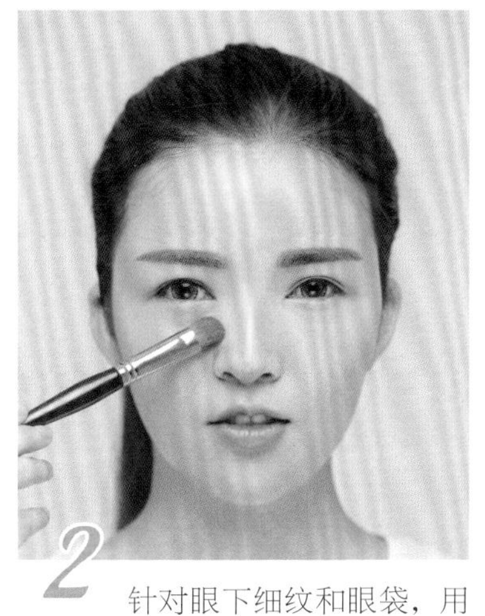

2 针对眼下细纹和眼袋，用遮瑕刷轻拍遮瑕位置，用指腹轻轻推开、抚平。

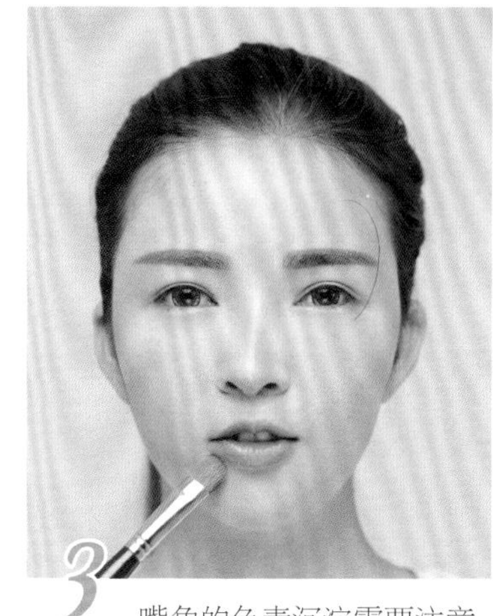

3 嘴角的色素沉淀需要注意，涂上一层唇膏，抚平细纹。

4 用带珠光的浅粉色蜜粉刷扫容易出油的脸颊和鼻翼。

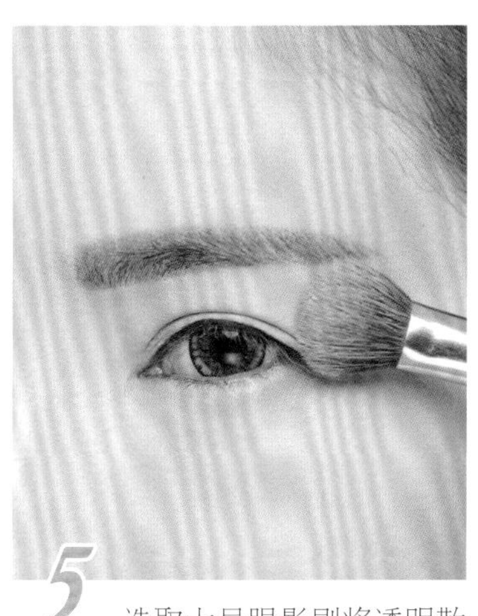

5 选取大号眼影刷将透明散粉大范围扫上眼皮，使妆容干净、持久。

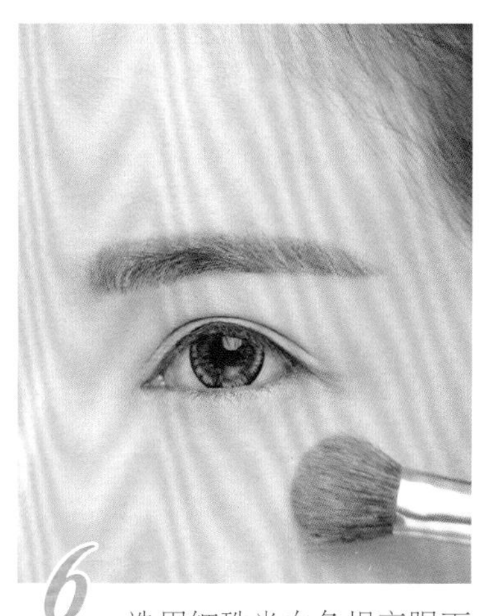

6 选用细珠光白色提亮眼下三角区域，提升肌肤质感，修正脸型。

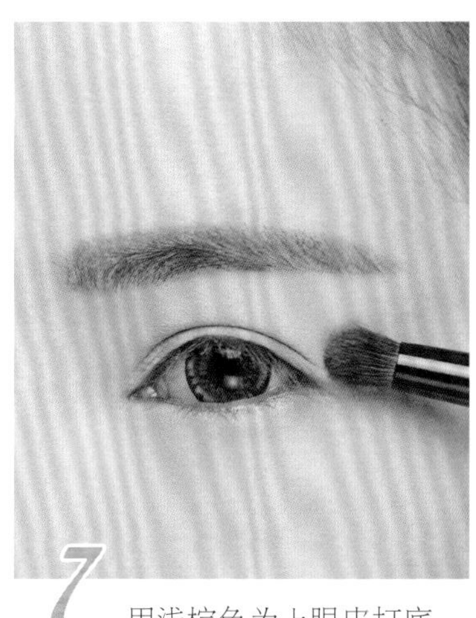

7 用浅棕色为上眼皮打底，从视觉上收敛眼皮浮肿，增大眼型。

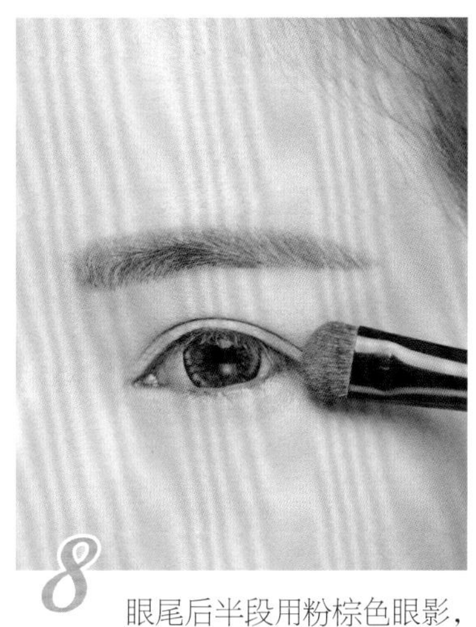

8 眼尾后半段用粉棕色眼影，突出典雅的气质，注意刷扫范围不要太大。

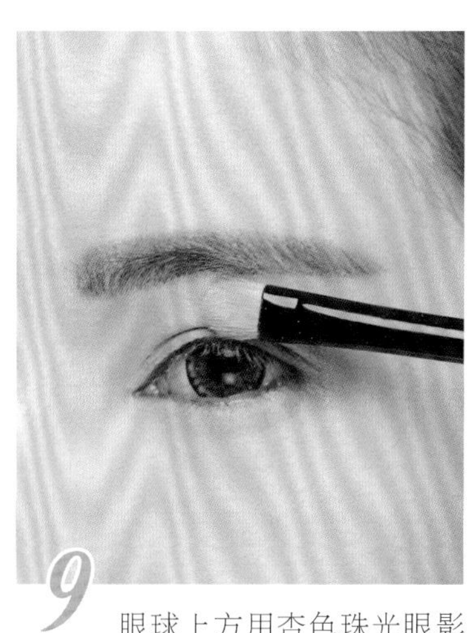

9 眼球上方用杏色珠光眼影提亮并轻轻晕染，可放大眼睛、增强立体感。

10 用浅驼色哑光眼影在眼窝位置轻扫，缩小眼距，增高鼻梁，使五官更集中、立体。

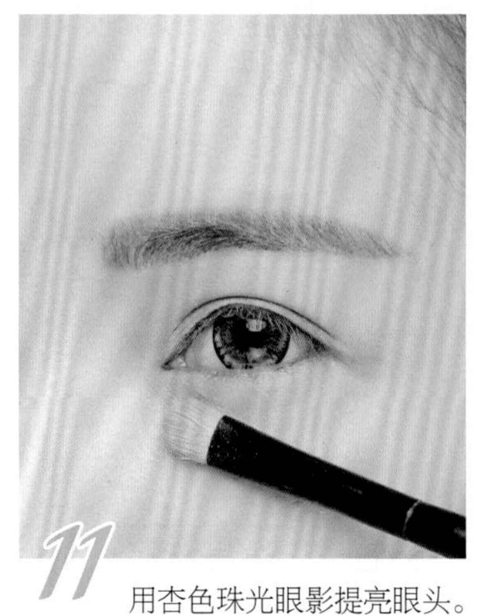

11 用杏色珠光眼影提亮眼头。注意要与整体眼妆融为一体，眼下晕染过渡自然。

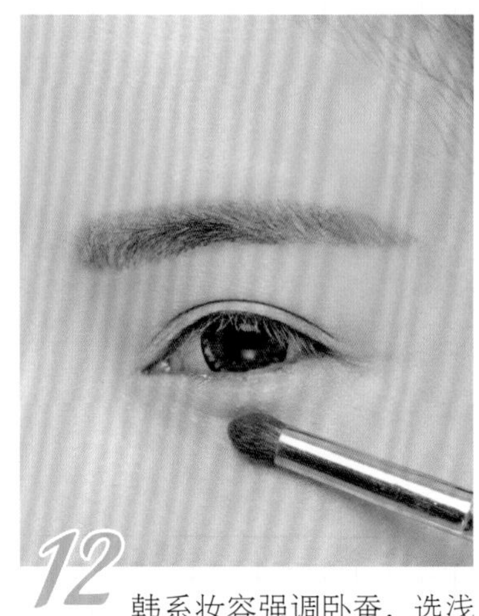

12 韩系妆容强调卧蚕，选浅棕色眼影在眼下卧蚕位置轻扫。

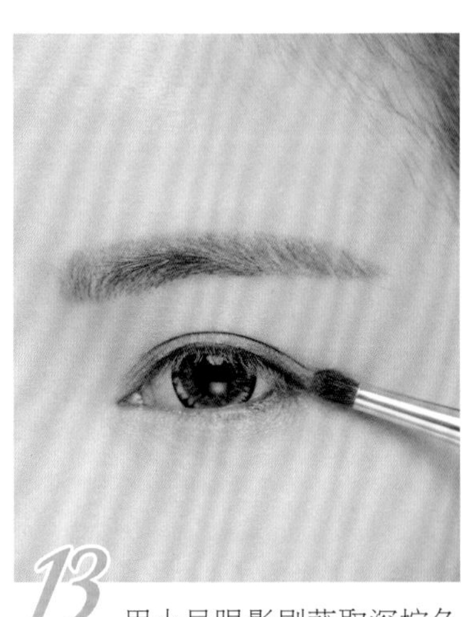

13 用小号眼影刷蘸取深棕色眼影，在贴近睫毛部位晕开，强化眼型。

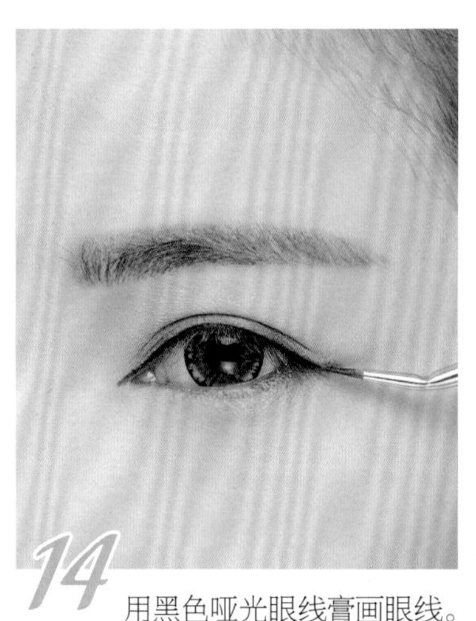

14 用黑色哑光眼线膏画眼线。注意眼线平滑，开眼头，微微上挑的眼线俏皮感十足。

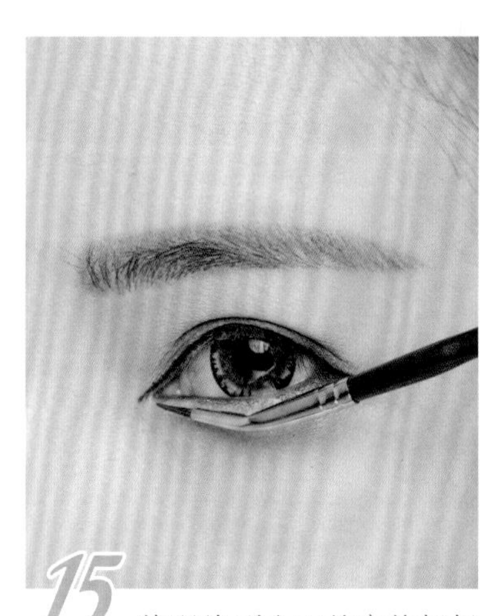

15 将眼线刷余下的膏体轻轻带过下眼睑前半部至中部，让眼神聚焦明亮。

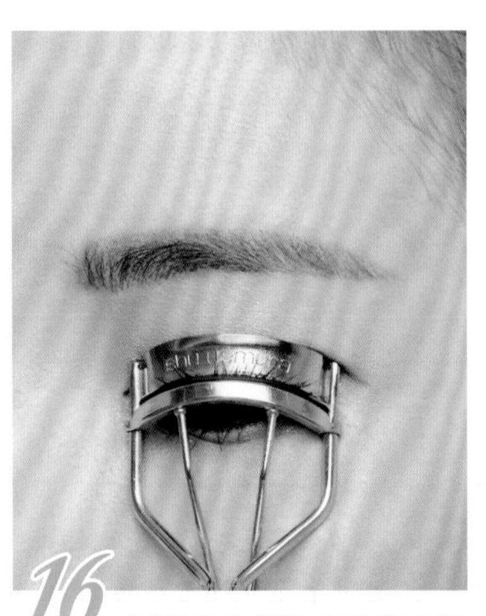

16 用睫毛夹沿睫毛根部夹翘睫毛，卷翘的睫毛让眼睛看起来神采飞扬。

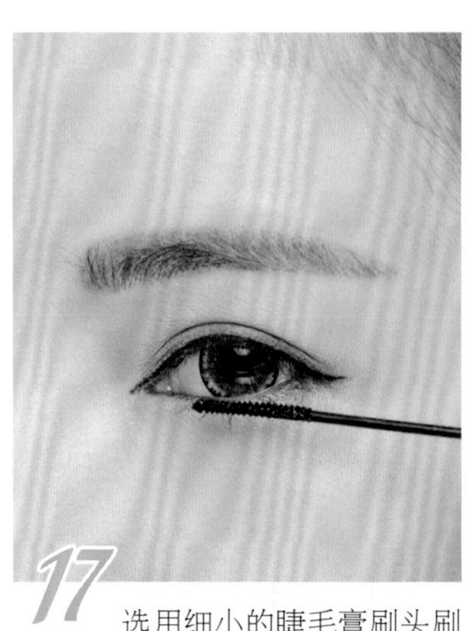

17 选用细小的睫毛膏刷头刷好根根分明的睫毛。

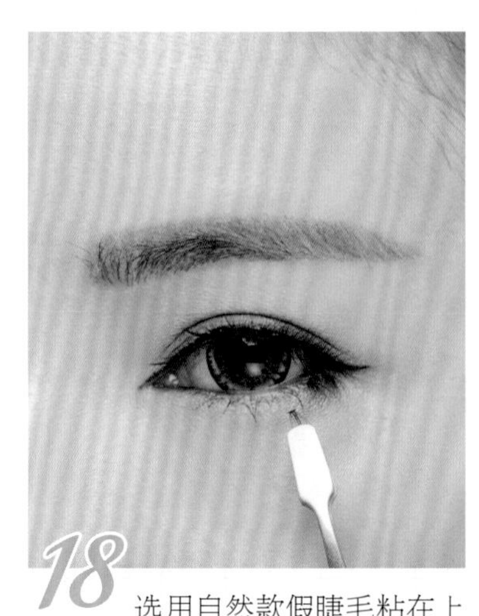

18 选用自然款假睫毛粘在上睫毛，下睫毛剪成小簇贴在眼尾，塑造下眼部的楚楚动人。

19 用气垫腮红轻拍两颊，在保留肌肤质感的基础上，让妆面更贴合持久。

20 蘸取橘粉色粉质腮红，重点扫刷苹果肌位置，使新娘笑容更动人。

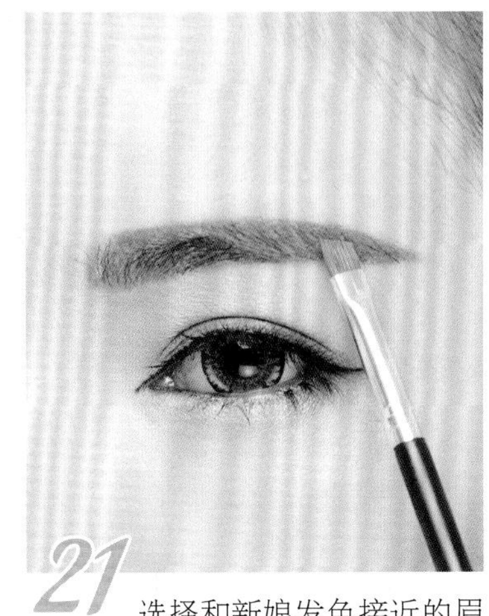

21 选择和新娘发色接近的眉粉。注意这款妆容不需要太高的眉峰，稍微带一点弧度即可。

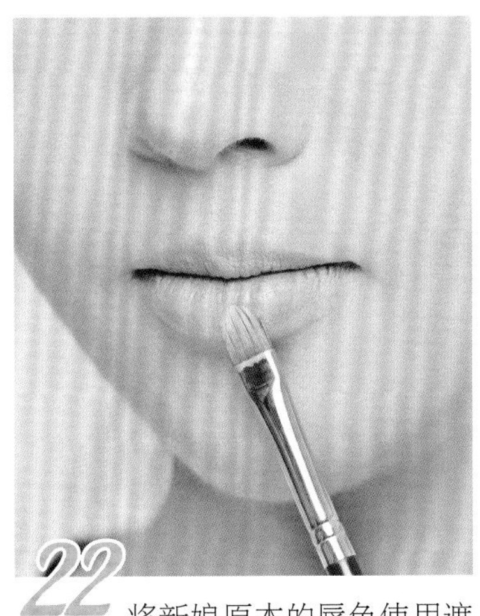

22 将新娘原本的唇色使用遮瑕膏遮盖，让唇膏更显色、唇形更明显。

23 薄涂橘色系的唇膏。优雅的气质立刻显现。

24 用高光刷蘸取高光粉提亮T区，增强立体感，让脸部轮廓更明显。

Before

After

甜蜜暖色调为主的新娘妆容突出卧蚕和眼尾下睫毛，衬托新娘的优雅气质。

星星点点的串珠小白花散落在发间，让浪漫的气息扑面而来，摆脱沉重单调的框架。甜美大方的少女气质在新娘发型中同样惹人喜爱。

Side

富有层次的编发和卷发结合，不凌乱也不累赘。

Back

蓬松的编发并没有厚重感，轻盈小花的点缀更具可爱气质。

25 使用直径16~28毫米的卷发棒，内卷螺旋方向将头发烫卷。

26 卷烫高度约在耳朵下方，统一方向卷烫使头发的纹理感一致。

27 将头发用手顺开，取头顶三等分发束编三股麻花辫。

28 在头顶拱起一个小发包，注意编三股辫时手抓头发的力度不宜太大。

29 用手指把三股辫的表面抽松散，显得随意活泼。

30 编出一小节后用 2~3 个黑色发夹固定好，夹好的头发下端自然散开和其余头发融为一体。

31 全部头发大致分为三份。左右两份从耳后进行三加一编发，编一小节后变为普通三股辫。

32 左右两边编好后用小皮筋绑好，两边都抽松，使辫子看上去丰满、有层次。

33 从左侧开始，提起辫子绕过脑后向前至头顶。

34 发尾在头顶用黑色发夹固定好，黑色发夹尽量藏在头发中不要露出。

35 右侧也用同样方法在头顶固定好，余下中部的头发随意散落。

36 选用白色串珠小花发饰点缀发型，让新娘看起来纯美可爱。

打造空气妆感的韩系新娘妆发

韩式的咬唇妆适合娇俏的新娘。精致的眼妆搭配西式婚纱的现代风格，彻底颠覆了以往妆容给人的厚重与“面具”印象。

1 在自然光下找出接近自己肤色的、较薄的粉底，打造裸透质感的肌肤。

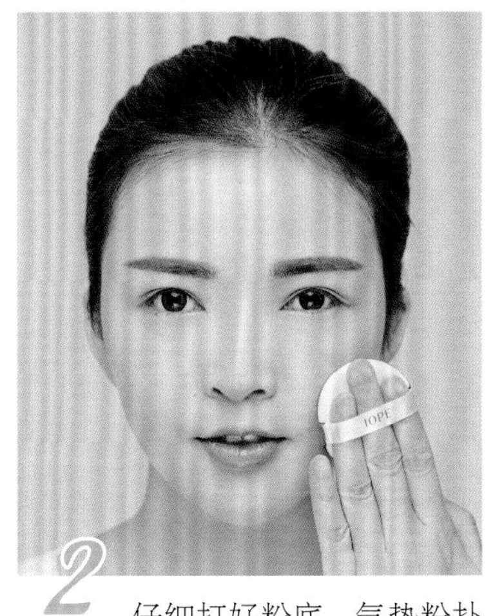

2 仔细打好粉底。气垫粉扑细腻柔软、上妆均匀，用按压、点擦的手法上妆可大大提升底妆的服帖度。

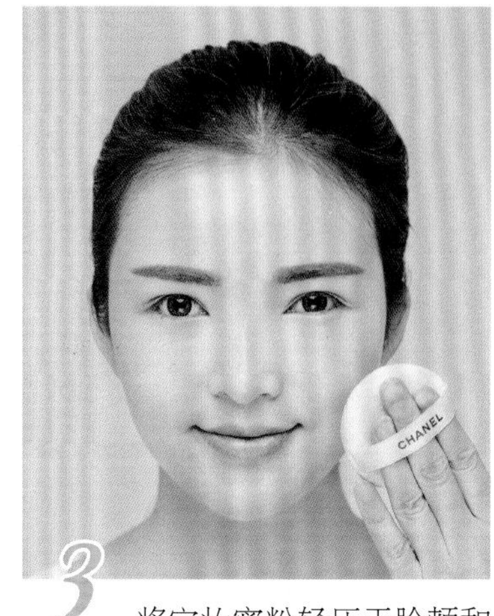

3 将定妆蜜粉轻压于脸颊和鼻翼，柔软的植绒粉扑抓粉能力强，便于控制用量。

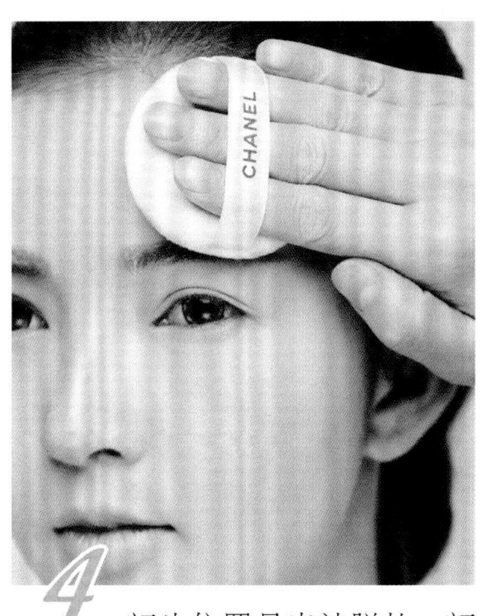

4 额头位置易出油脱妆，额头部位多用一些蜜粉，以延缓脱妆时间。

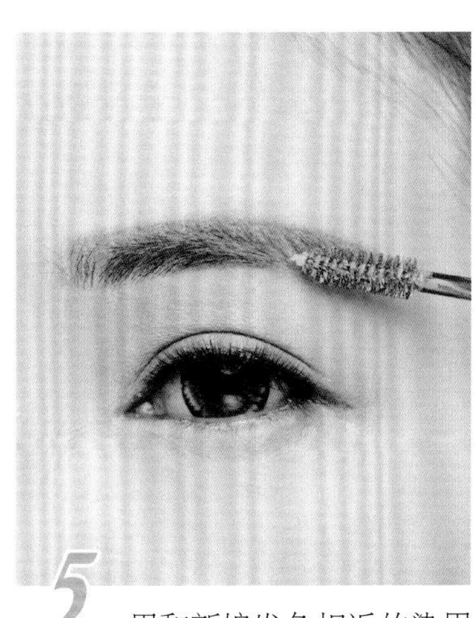

5 用和新娘发色相近的染眉膏将眉毛染色，使眉毛呈现自然生长的效果。

6 用眉刷蘸取眉粉轻刷眉毛，顺着眉毛生长方向、前宽后窄描画出精致眉毛形状。

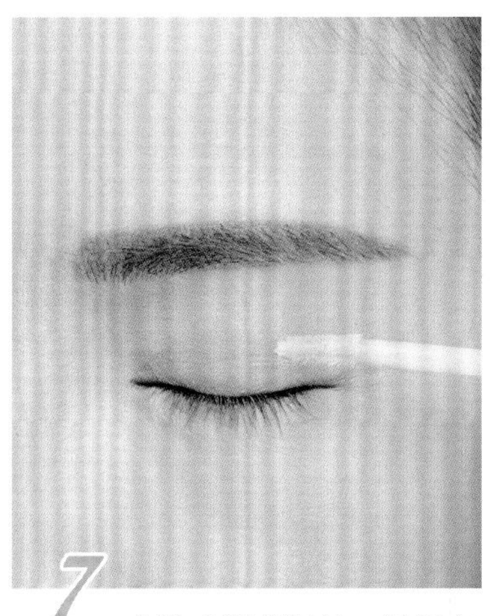

7 为防止眼部晕妆，最好在化眼妆前使用眼部打底膏。

8 蘸取白色珠光眼影在上眼皮大面积上色，突出眼部。

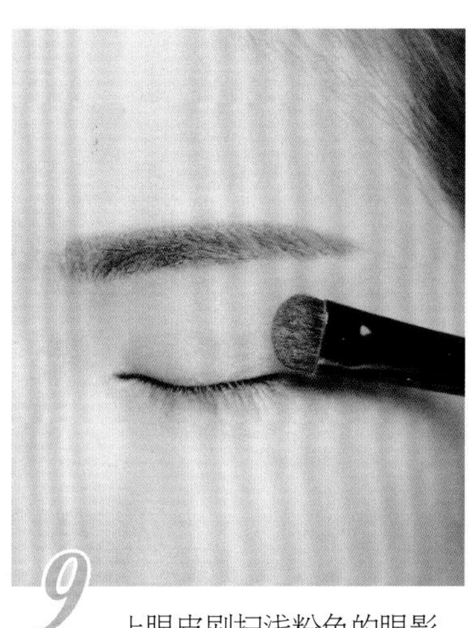

9 上眼皮刷扫浅粉色的眼影，可消除眼部暗沉。浅粉色眼影易造成眼皮浮肿，建议轻扫，反复多次上色。

10 蘸取深一号粉色眼影在眼睛后半部分上色。要进行有层次的晕染，营造渐变的效果。

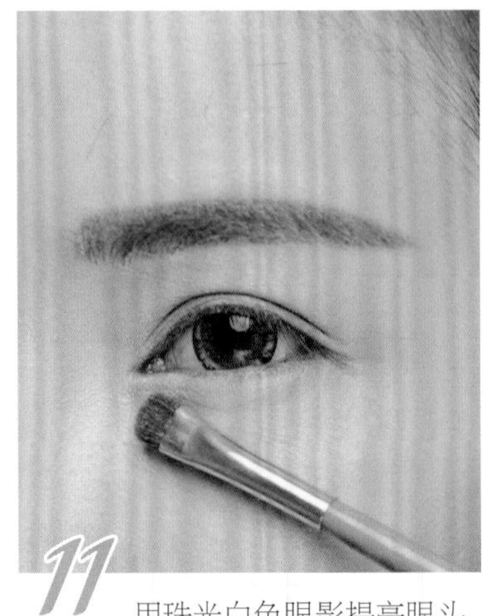

11 用珠光白色眼影提亮眼头。从下眼头过渡到眼尾，加强眼下卧蚕部位。

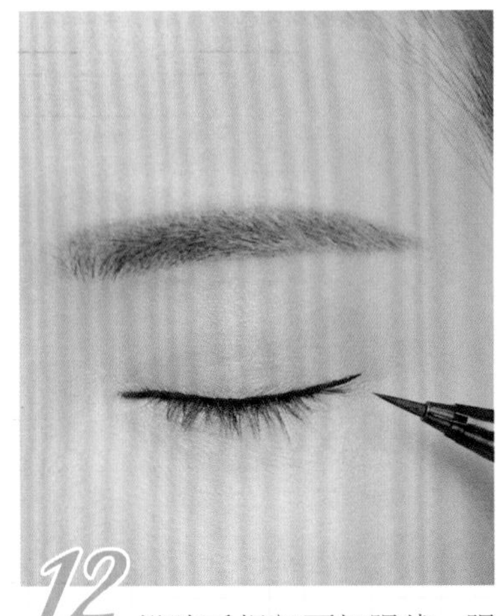

12 沿睫毛根部画细眼线，眼尾轻微上挑，长度拉长约 1~2 毫米，填补睫毛空隙。

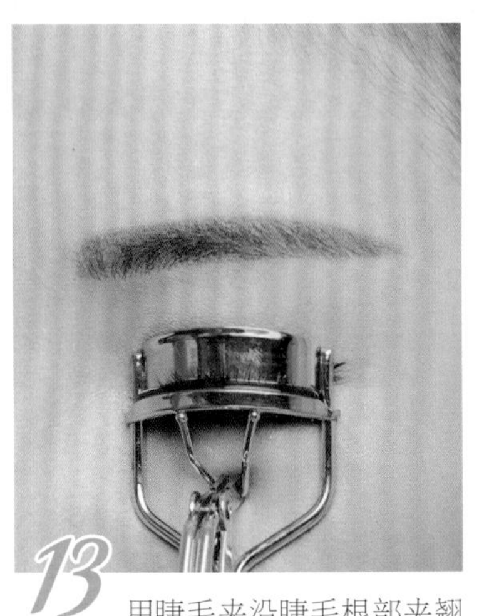

13 用睫毛夹沿睫毛根部夹翘睫毛。

14 选用自然款假睫毛。注意假睫毛紧贴睫毛根部，不留空隙。

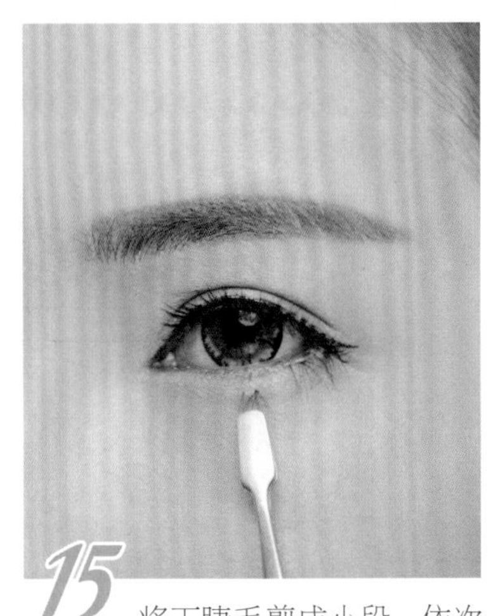

15 将下睫毛剪成小段，依次贴在下眼皮。相比黑色假睫毛，棕色让妆容更精致。

16 用蓬松的腮红刷蘸取少量橘色腮红在两颊轻扫。注意控制用量，不宜太多。

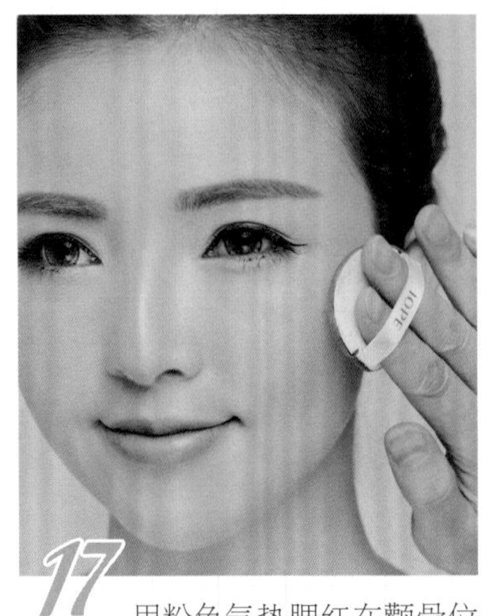

17 用粉色气垫腮红在颧骨位置轻拍，打造精致立体的五官，突出笑肌。

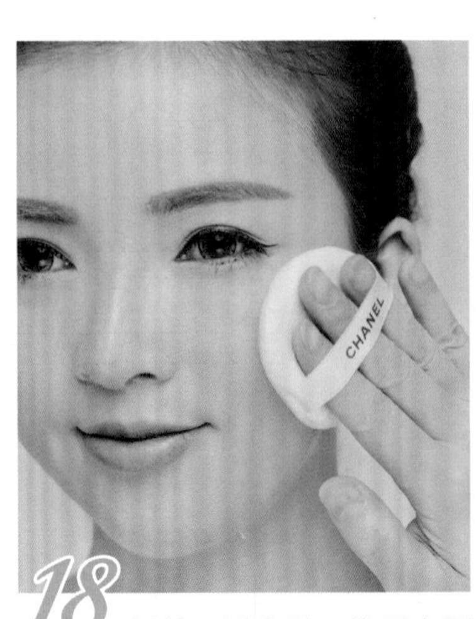

18 轻拍一层蜜粉，使两次腮红颜色过渡均匀，营造出白里透红的效果。

19 用细腻高光粉提亮眼下三角区，提亮整体妆容，并扫除掉落在脸颊的眼影。

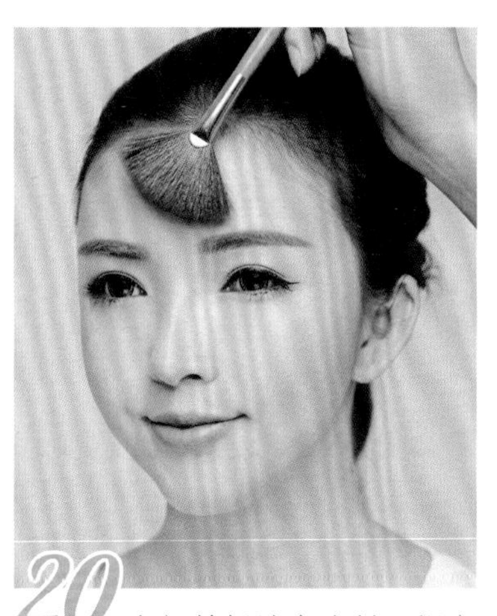
20 在额前轻涂高光粉。提亮额前高光会使得整个五官更立体，突出新娘精致的面容。

21 用遮瑕膏遮盖原本的唇色。

22 如唇部唇纹较深可以涂一层润唇膏，并用气垫粉扑轻拍，抚平唇纹，滋润唇部。

23 涂一层带细腻珠光的裸粉色唇膏为唇妆打底，选用裸粉色强调自然的妆感。

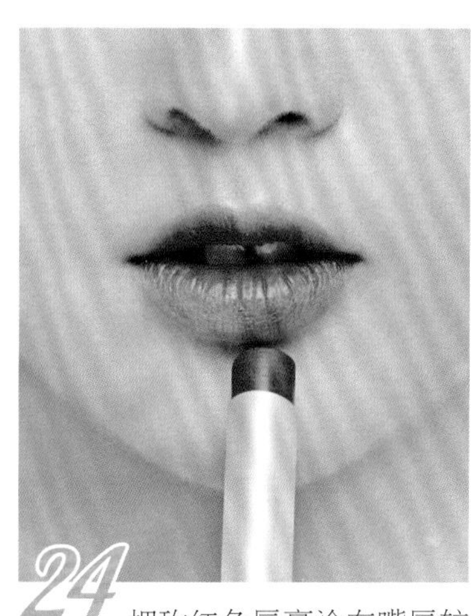
24 把玫红色唇膏涂在嘴唇较中心位置，由内到外晕染，渐变层次，过渡自然。

Before

After

立体而精致的五官、甜美的笑容、不露痕迹的精致妆容会让大家惊叹新娘的天生丽质。

对称的长垂编发让新娘宛若俏皮的少女。不必担心辫子看起来有乡土气息，用半透明珍珠纱蝴蝶结的点缀，浪漫的气息会很好地展现出来。

Side

富有层次感的发型别具一格，随意但不凌乱。

Back

对称的松散辫子摆脱了乡土气息，让新娘更清新可人。

25 用 16~28 毫米的中号卷发将头发烫卷，统一方向卷烫使头发的纹理感一致。

26 相比梳子，用手指梳开头发可以使头发更具空气感、弹力十足。

27 从右侧取两束头发，两两相旋转拧成股。

28 用手将拧转成股的头发向外轻拉拉散，在发根用黑夹子固定。

29 继续选取两束头发，相互交叉拧转并轻拉松散。

30 在头部左侧位置选取三束头发，编三股辫。

31 将所有的头发从后脑位置平均分为左右两份。

32 将左侧区域的头发分为三股后，相互交叉编三股辫。

33 左右两侧区域分别留出两股头发，然后将中间的头发集中编发。

34 抓住发辫的尾部，用于将发辫纹理向外轻拉，呈现自然蓬松感。

35 将左右两侧垂落的头发与中间的发辫扎成束，并在后脑位置点缀蝴蝶结发饰。

36 在发尾扎皮筋的位置，再装饰一个蝴蝶结发饰。

演绎复古魅惑的韩系新娘妆发

新娘妆容并非只适合粉嫩的颜色。选择更有张力的深色会让新娘的形象入木三分。黑色对刻画线条极具优势，紫色也是增添气质的利器，两者结合能打造别具一格的复古新娘。

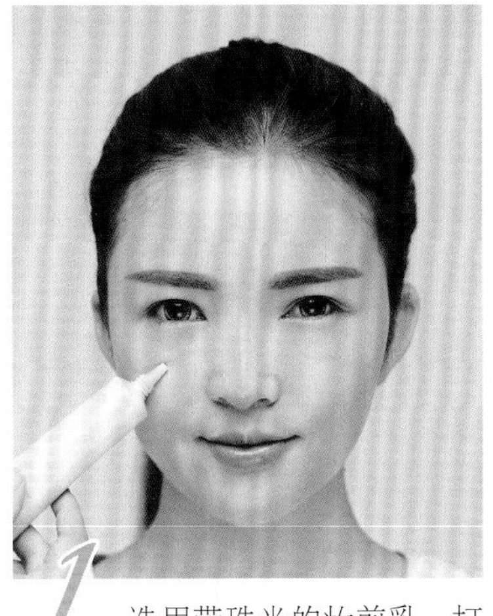

1 选用带珠光的妆前乳。打造明亮裸透的肌肤，还原肌肤最佳状态。

2 由脸部中心向外涂刷粉底，脸颊的黄斑和鼻翼两侧的泛红部位可再涂刷一层。

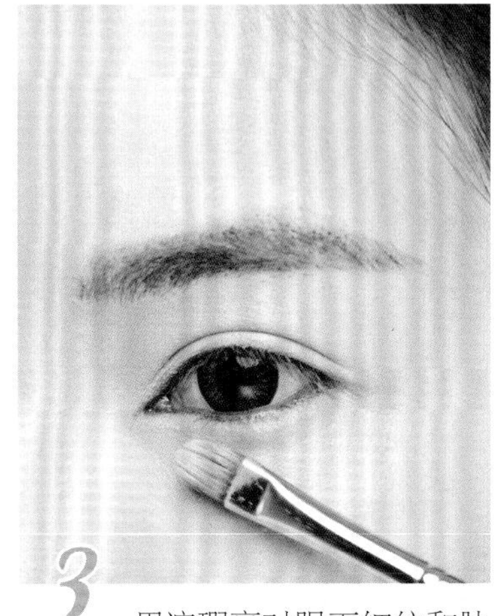

3 用遮瑕膏对眼下细纹和肤色不均进行重点遮瑕，选用小号的遮瑕刷可以轻松刷到每寸肌肤。

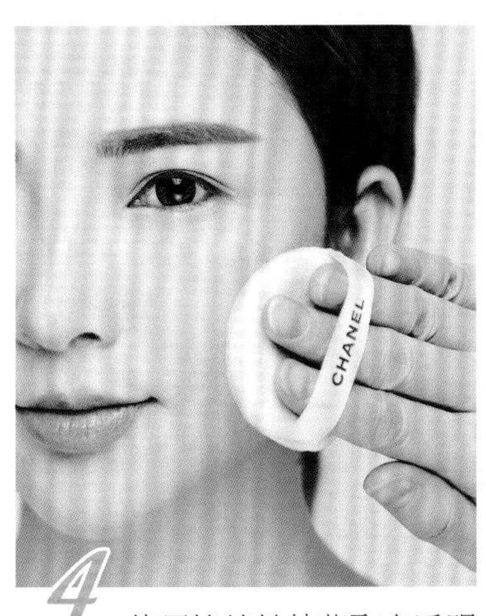

4 使用植绒粉扑蘸取有透明感且带闪光效果的散粉对脸颊和鼻翼两侧易出油部位定妆。

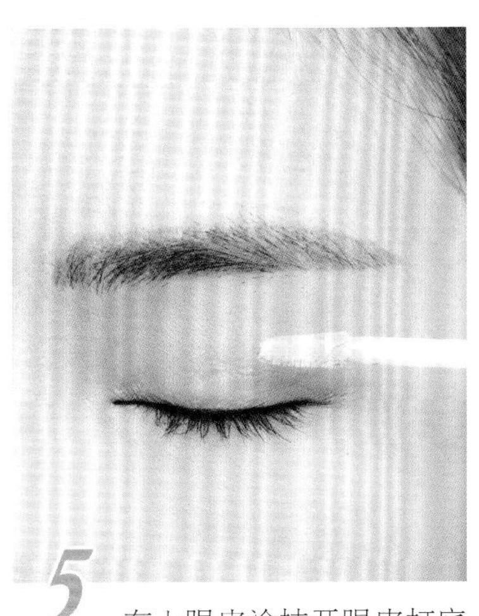

5 在上眼皮涂抹开眼皮打底膏，使眼影更显色、饱和度更高，眼妆更持久。

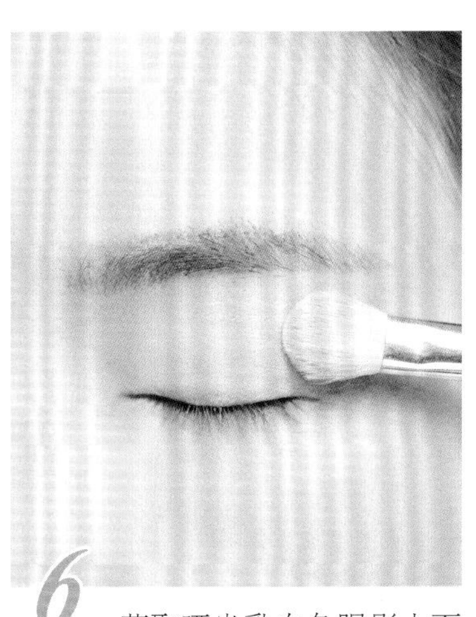

6 蘸取哑光乳白色眼影大面积刷扫上眼皮，淡色眼影作打底可使眼妆更干净。

7 在上眼皮扫刷米棕色的眼影。虽贴近肤色，但可自然、有效地改善眼部浮肿。

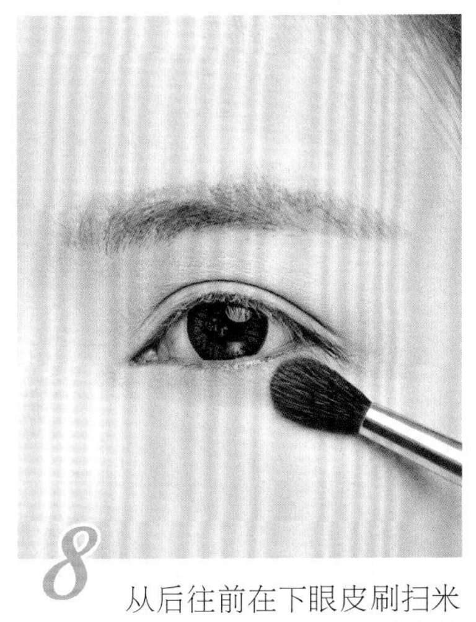

8 从后往前在下眼皮刷扫米棕色眼影，选用小号的眼影刷能够精准控制位置。

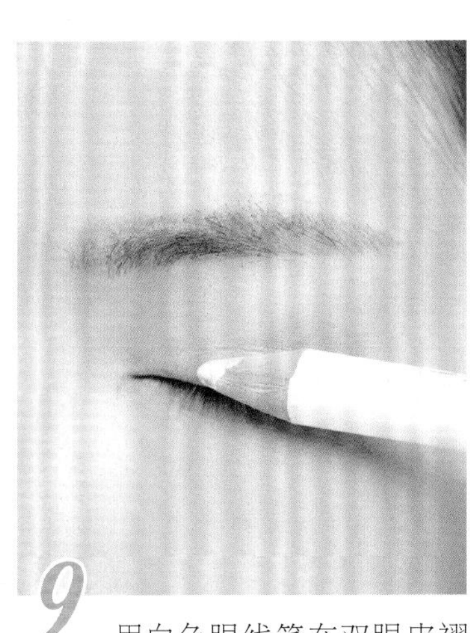

9 用白色眼线笔在双眼皮褶皱里来回涂抹，眼球上方加宽。

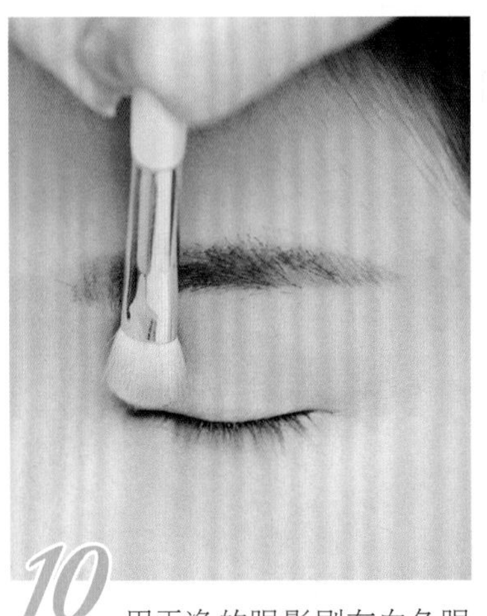

10 用干净的眼影刷在白色眼线未彻底干之前来回晕染，注意边缘位置过渡均匀。

11 从眼尾后1/3处开始画一条上挑的眼线，上挑角度稍高。

12 填补睫毛根部，加黑加粗。若使用眼线笔，应该削尖笔头，便于描画。

13 用细头黑色眼线液笔，勾勒清晰的眼线边缘。

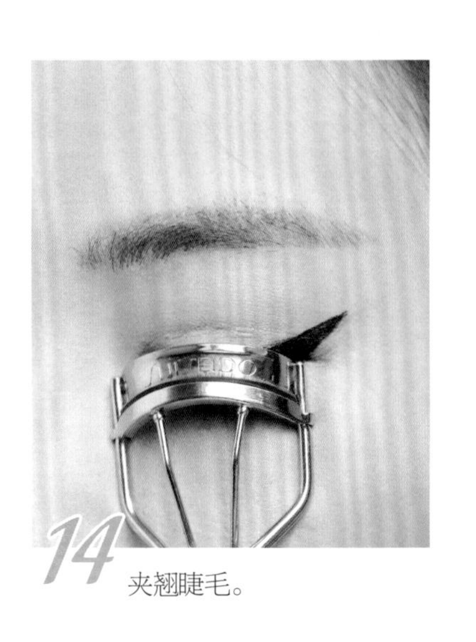

14 夹翘睫毛。

15 选择自然款假睫毛粘在上眼皮，避免使用过浓厚的假睫毛。

16 下睫毛根部粘上下假睫毛。下假睫毛细小不易拿，可用镊子或细口夹夹取。

17 选用细小的睫毛刷刷好每一根下睫毛，将真假睫毛刷在一起。

18 将珊瑚粉腮红轻刷在脸颊颧骨上方，珊瑚粉色属于任何肤色都合适的颜色。

19 用灰色眉笔勾勒眉形，韩式平眉没有高眉峰，稍带弧度描画即可。

20 使用睫毛膏在纸上轻擦多余膏体，顺着眉毛轻刷，让眉毛浓密立体。

21 睫毛膏上色会不均匀，用螺旋状眉刷梳顺眉毛、均匀颜色。

22 用遮瑕膏涂抹嘴唇，使唇膏上色更均匀、显色，以及唇膏持久力更强。

23 选用紫红色唇膏涂满双唇。注意上唇较薄，唇峰高耸，下唇较厚。

24 用遮瑕膏将涂出唇线的唇膏遮盖掉，打造唇线清晰的饱满双唇。

Before

After

饱满的唇色和精致上挑的眼线打造出复古妆容，让女人味体现得淋漓尽致。

干净光滑的秀发透漏着新娘的端庄，低髻的卷筒更适合复古妆容。

Side

珍珠花瓣造型发饰的加入，提升了发型的可鉴赏性。

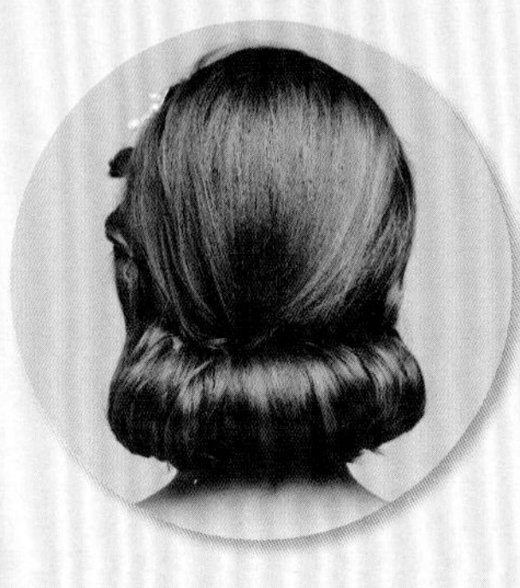

Back

简单大方的发筒增添了高贵、复古怀旧的感觉。

25 取头顶一缕头发，倒梳头发使之蓬松，起到增加发量的作用。表面头发梳至光滑。

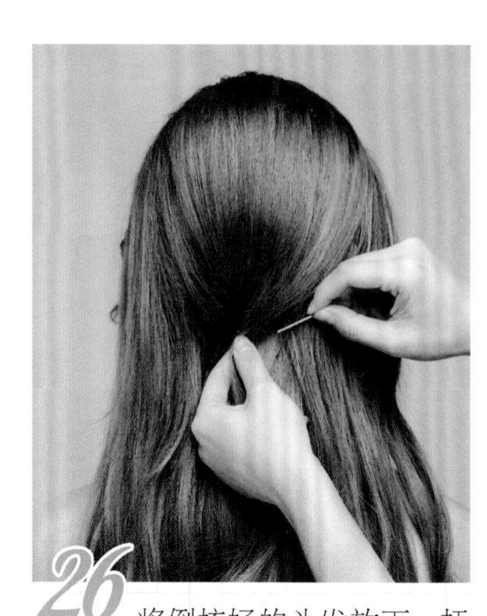

26 将倒梳好的头发放下，抚平表面毛躁，用黑色发夹固定在脑后，作为整个发型的中心点。

27 除刘海外，将散落的头发等分为三份，确保三份头发在做发型时互不干扰。

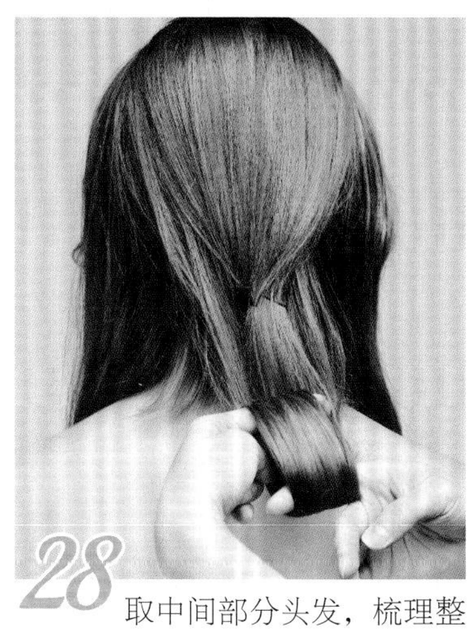

28 取中间部分头发，梳理整齐后喷定型产品，沿发尾向上卷成发筒。

29 将卷好后的头发固定在中心位置。注意藏好发尾，发筒表面保持光滑。

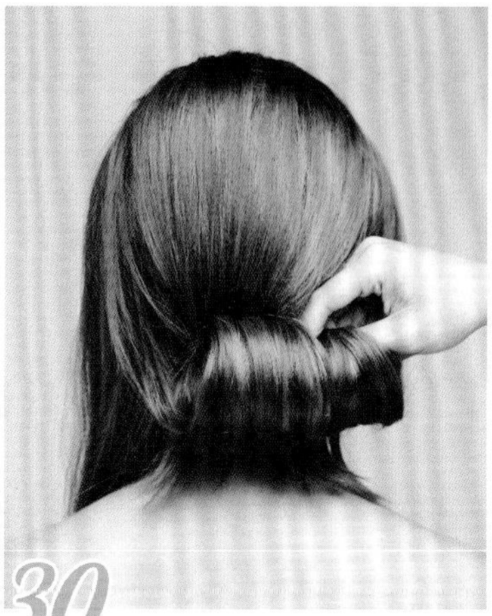

30 右侧的头发同样卷成发筒。发筒稍小于中间发筒，固定在水平于中心点的左侧。

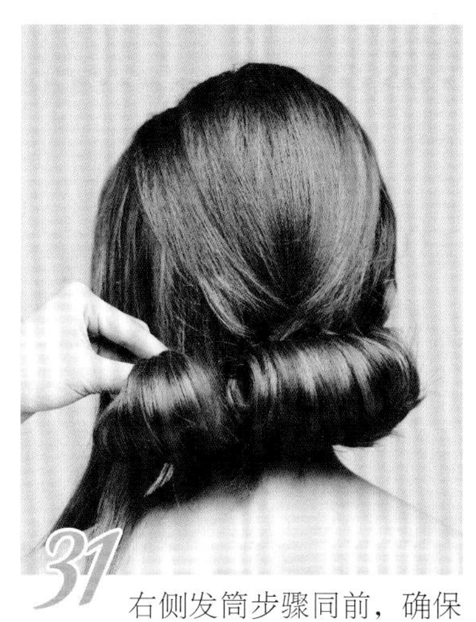

31 右侧发筒步骤同前，确保发筒之间的连接顺滑、无空隙。

32 若新娘发量较多，应该多使用夹子固定，防止散落。

33 取新娘刘海头发，梳理整齐后喷定型产品，准备好卷发棒进行卷烫。

34 使用中号卷发棒，从下到上、从里向外卷烫，卷烫高度应尽量贴近头皮。

35 将刘海在额前拱起一个发包，固定在眼线的延长线位置。

36 将珍珠水钻配金叶的小巧簪花别在额头一侧。

强调精致高雅的韩系新娘妆发

黑色的全包围式眼线让整体妆容显得更具魅力，更加妩媚。金色的眼影不仅璀璨夺目，更凸显尊贵、优雅的气质。

1 细致上好粉底。眼妆要使用大面积的金色，所以底妆则应避免使用带珠光，以免脸部光泽感太强烈。

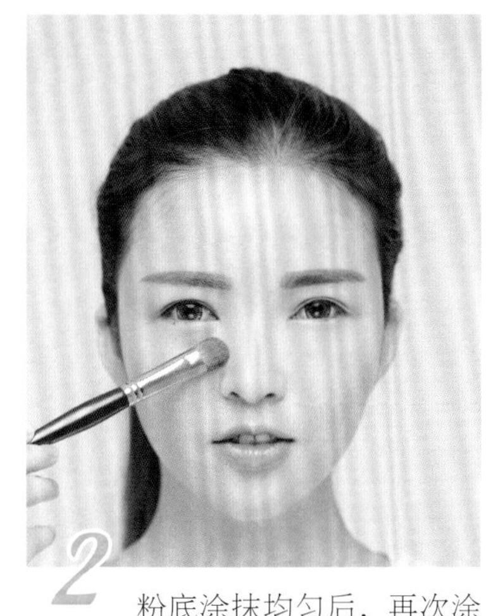

2 粉底涂抹均匀后，再次涂抹用粉底遮盖眼袋、眼下细纹和嘴角的细纹、暗沉。

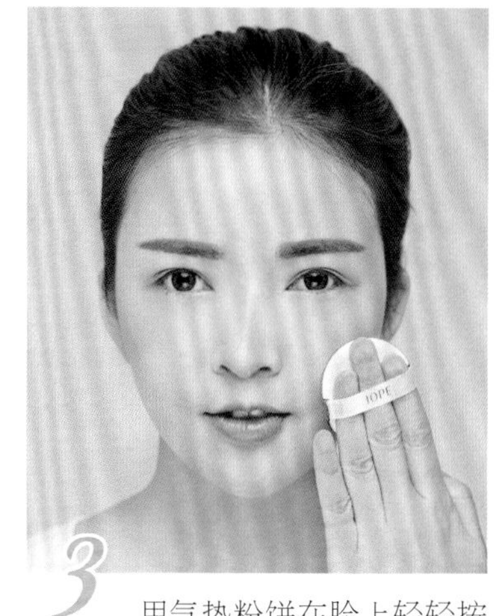

3 用气垫粉饼在脸上轻轻按压，使妆容更服帖均匀，可以顺势往脖子带上一层薄薄的气垫粉底，避免脸部和脖子出现明显色差。

4 选用遮瑕效果较好的定妆散粉遮盖瑕疵，令妆容更为柔和，呈现朦胧的美感。

5 蘸取哑光米棕色眼影在上眼皮大范围轻扫，米棕色眼影贴合肤色，能够修正肤色暗沉。

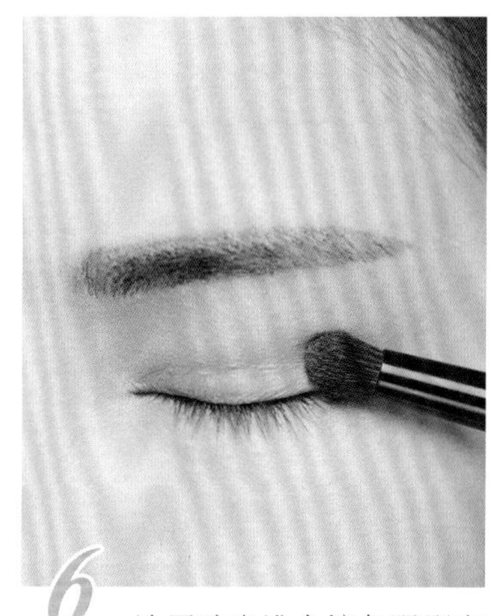

6 选用珠光浅金棕色眼影在稍宽于双眼皮褶皱部位来回晕染，颜色过渡要均匀。

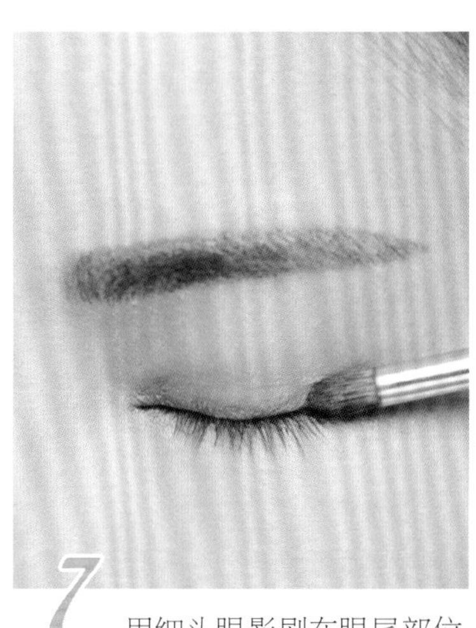

7 用细头眼影刷在眼尾部位加强晕染，打造深邃眼眸，聚焦眼部神采。

8 用细小的精准眼影刷蘸取珠光深金棕色眼影，在眼尾部位上挑晕染眼影。

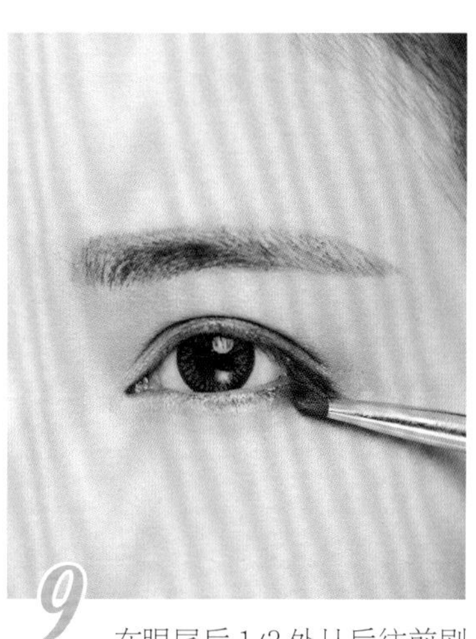

9 在眼尾后1/3处从后往前刷涂下眼影，眼尾颜色加重、加深。

10 用哑光黑色眼线笔沿着眼眶描画全包围式眼线，眼尾水平拉长 2~3 毫米。

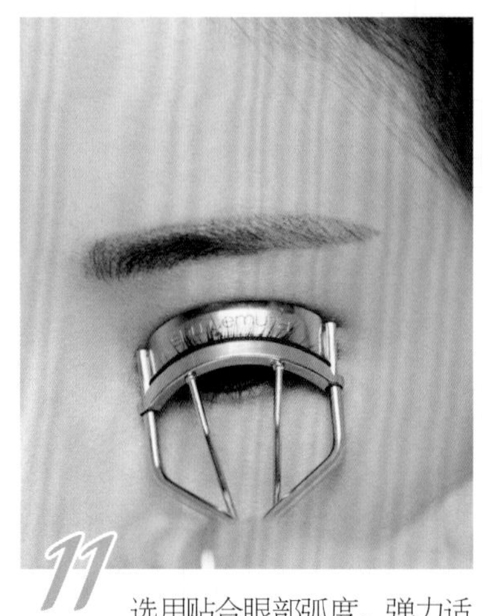

11 选用贴合眼部弧度、弹力适中的睫毛夹，从睫毛根部夹翘睫毛。

12 选用纤长款假睫毛，紧贴睫毛根部贴好，涂抹胶水吹至半干状态更方便贴假睫毛。

13 用睫毛刷仔细刷好睫毛，将真假睫毛刷在一起。下眼睫毛使用细小的睫毛刷更方便。

14 在脸颊刷扫草莓粉色腮红，腮红最高不超过颧骨，最低不超过嘴角水平线。

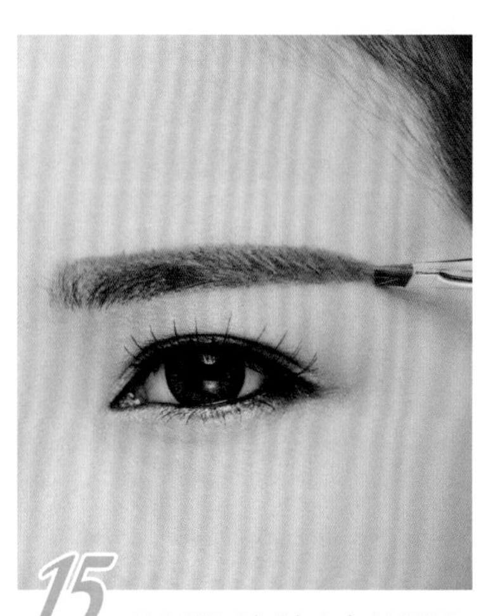

15 选用贴近新娘发色的眉粉，勾勒眉形。韩式眉形较平，没有夸张上扬的眉峰。

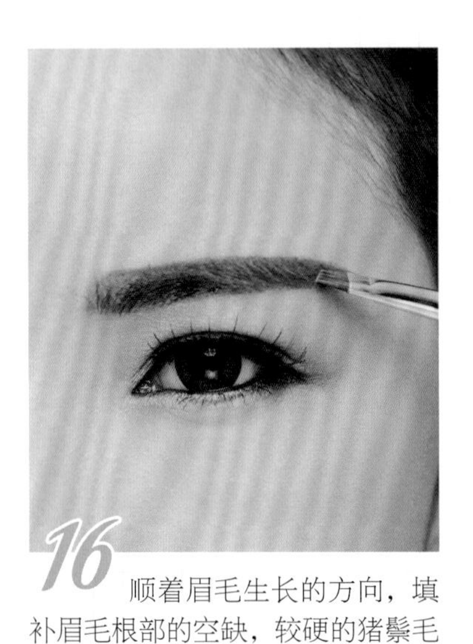

16 顺着眉毛生长的方向，填补眉毛根部的空缺，较硬的猪鬃毛眉刷还可以梳顺眉毛。

17 用伞形余粉刷刷扫掉落在脸颊的眼影粉，让整体妆容干净、无杂质。

18 蘸取高光粉在眼下凹陷部位刷扫，提亮眼周，视觉上丰盈脸庞。

19 前额有不少大毛孔，刷扫一些高光粉，用光泽将毛孔隐藏。

20 下巴也刷扫高光粉，让皮肤看起来更自然通透，有立体感。

21 用遮瑕膏遮盖嘴角的肤色不均匀，起提拉嘴角的作用。

22 用遮瑕膏对唇色进行遮盖，用植绒粉扑轻轻拍打按压，使遮瑕膏均匀。

23 选用橘色唇膏涂抹双唇内1/2，注意边缘过渡自然。

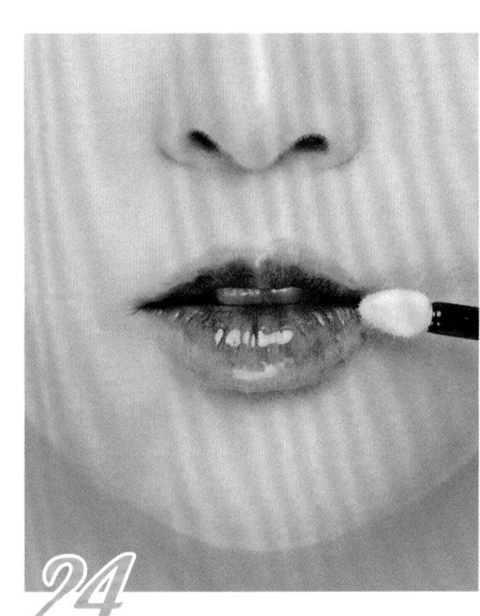

24 将透明的唇彩涂满嘴唇，下唇厚涂，上唇只涂1/2，打造水润双唇。

Before

After

金光闪闪的眼妆如明星般耀眼，简单的步骤打造极具个性的眼妆。粉嫩唇部的点缀让新娘看起来更优雅、自然。

此款新娘发型，造型丰富、层次感强烈。皇冠与干净整齐的拧卷发束结合使造型更饱满，整体造型中透露出别致的高贵典雅。

Side

体积较大的皇冠使造型更加丰满，视觉上让新娘的脸变小。

Back

Z字形交叉拧卷发，干净、清爽，极具设计感。

25 将新娘头发四六偏开，分开刘海，头发表面梳理光滑。

26 取头顶发束，如碎发较多、先用定型产品将碎发抚平。

27 用头发在头顶拱起小发包，紧握发束顺时针扭拧头发，并向右偏斜。

28 用黑色发夹将拧好的这股头发固定在脑后偏斜的位置。

29 取右侧一股头发，向左连接步骤28已固定的那股头发尾部，绕至左边。

30 固定好这一股头发后，再继续从左边取一股头发，扭拧至第一股头发的正下方并固定好。

31 耳后位置取一股发束，逆时针扭拧，向左与第三股头发尾部连接并固定。

32 继续取发、扭拧两股头发后，从脑后枕骨发际线处取一股头发，逆时针扭拧。

33 将这股头发向左偏斜，注意毛躁碎发用定型产品抚平。

34 从右侧枕骨位置再取两股头发，扭拧后向左缠绕垂下的头发。

35 让这三股头发依次绕过剩余头发，代替皮筋起固定作用，发尾用黑色发夹固定。

36 选择水晶贴钻皇冠发饰，佩戴在新娘头顶并固定好。

适合挂脖婚纱的韩系新娘妆发

性感妆容完美演绎出风情万种的姿态，再搭配露背的挂脖式婚纱，让背部优美线条带来无限遐想空间。

1 用气垫 BB 霜打造完美底妆，上妆效果自然、充满光泽感。

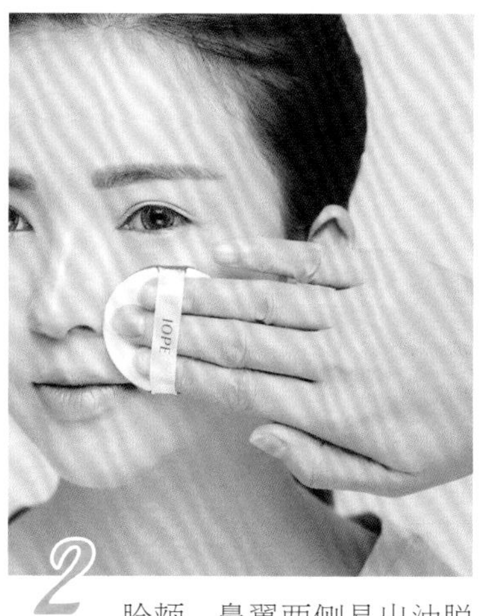

2 脸颊、鼻翼两侧易出油脱妆，用气垫粉扑按压底妆，使妆容更持久。

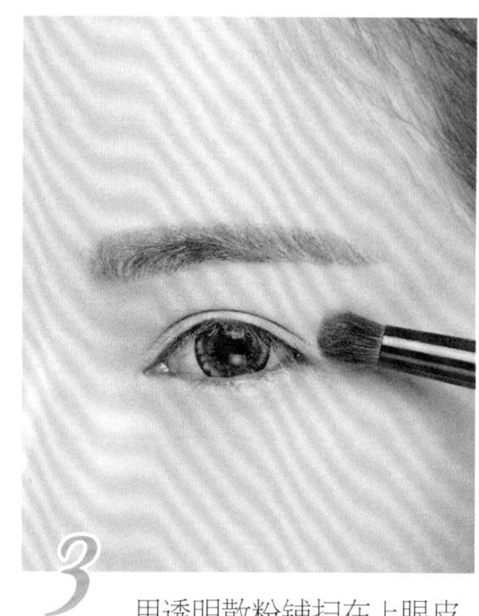

3 用透明散粉铺扫在上眼皮，有与眼部打底膏相同的效果。

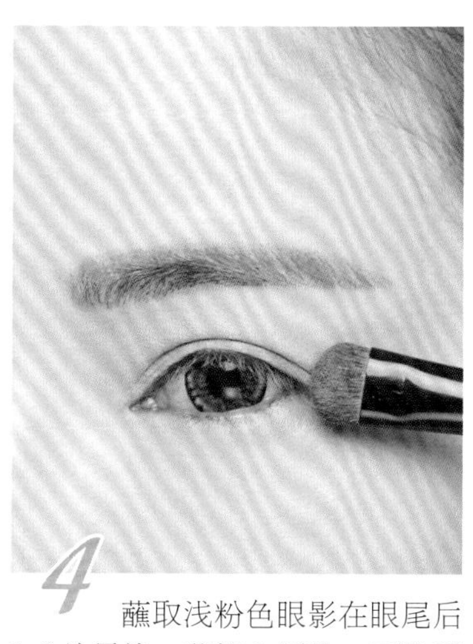

4 蘸取浅粉色眼影在眼尾后 1/3 处晕染。若担心浮肿，可换珊瑚粉棕色。

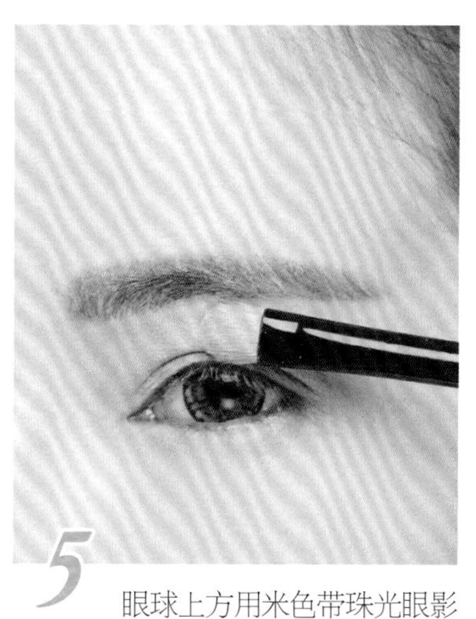

5 眼球上方用米色带珠光眼影提亮眼睛，范围为眼窝稍低于眉毛。

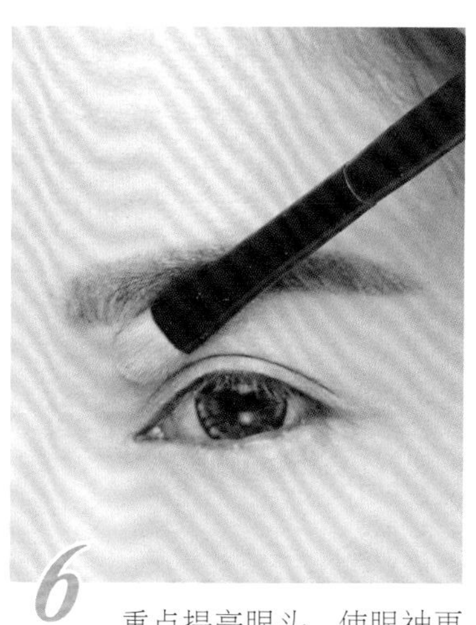

6 重点提亮眼头，使眼神更清晰、明亮。

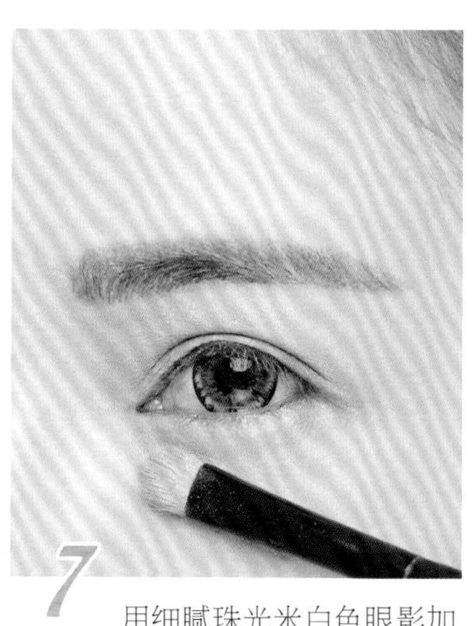

7 用细腻珠光米白色眼影加强卧蚕位置，刷子的余粉扫刷眼袋、有效遮盖黑眼圈。

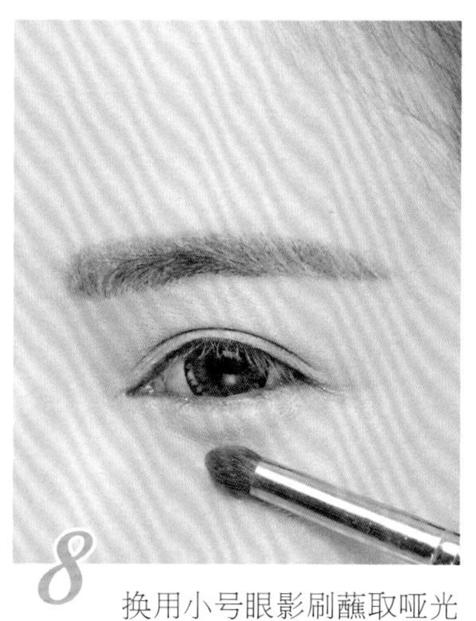

8 换用小号眼影刷蘸取哑光浅棕色眼影， 在卧蚕下方涂扫，加强卧蚕形状。

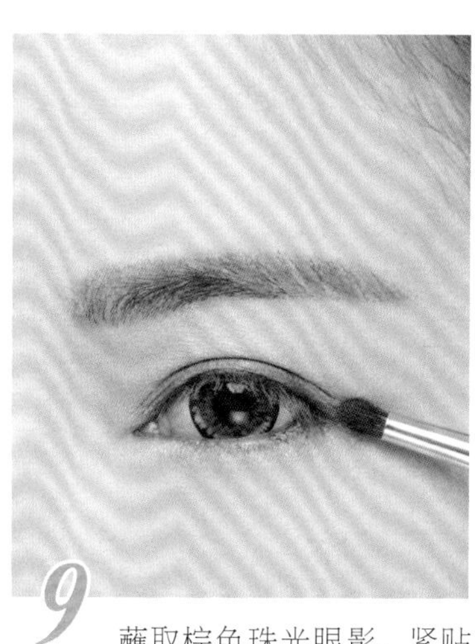

9 蘸取棕色珠光眼影，紧贴眼线位置，从眼尾向前晕染上眼皮后 1/3 处。

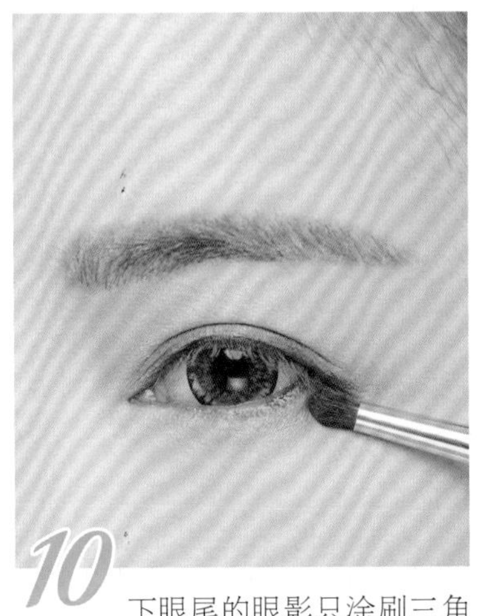

10 下眼尾的眼影只涂刷三角区域即可，注意要与眼影连接上。

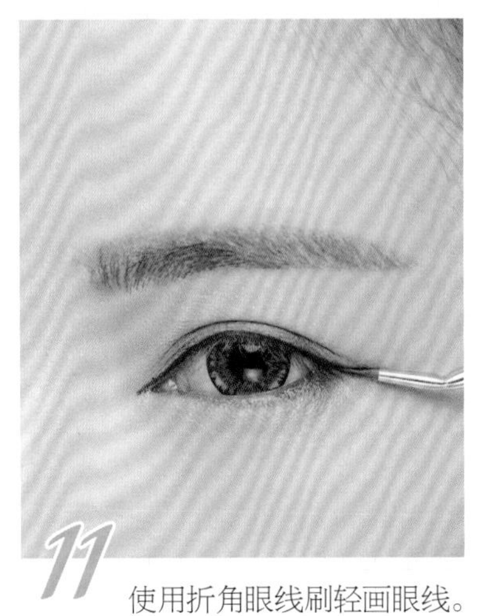

11 使用折角眼线刷轻画眼线。此类眼线刷易掌握各个角度的眼线描画，不遮挡视角，方便上妆。

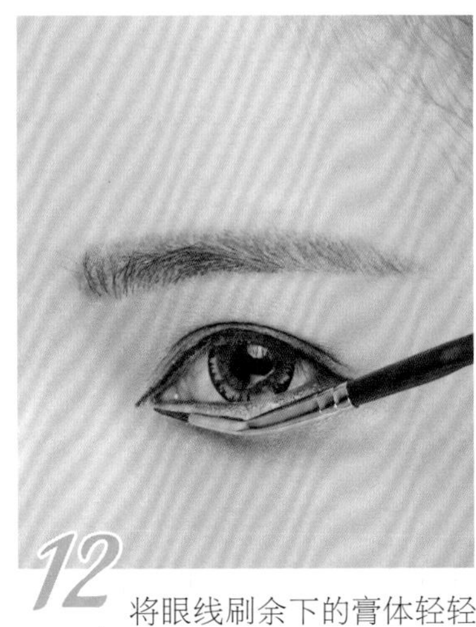

12 将眼线刷余下的膏体轻轻带过下眼皮前1/3黏膜位置，开眼角，拉近眼距。

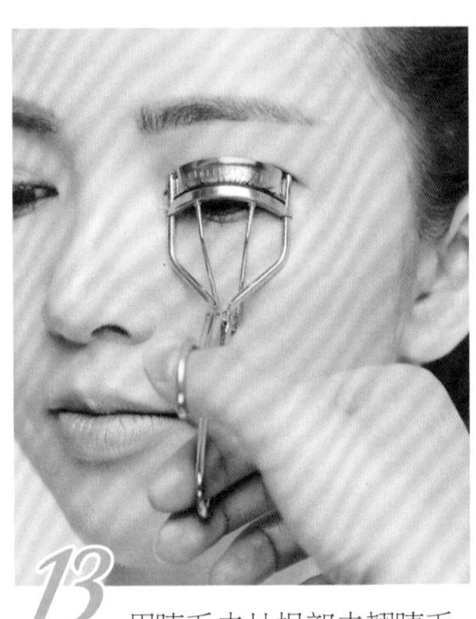

13 用睫毛夹从根部夹翘睫毛。用吹风筒热风吹睫毛夹3~4秒，待温度适宜后夹睫毛效果更好。

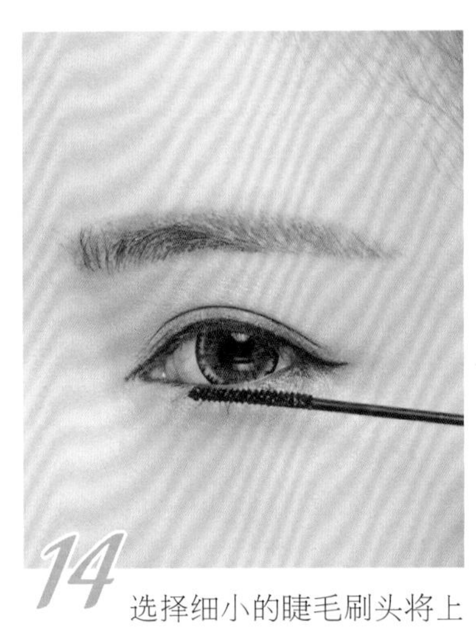

14 选择细小的睫毛刷头将上睫毛刷翘，重点加强下睫毛的涂刷。

15 将假的下睫毛剪成小段，刷好睫毛胶水，从眼尾向前逐一贴好，眼尾睫毛稍长。

16 将气垫腮红轻轻拍打至苹果肌位置，颜色贴近肤色。

17 用修容刷蘸取修容粉，在脸颊沿着发际线轻扫，达到瘦脸效果。

18 用棕色染眉膏刷眉毛，让眉毛颜色变浅，同时梳顺眉毛。

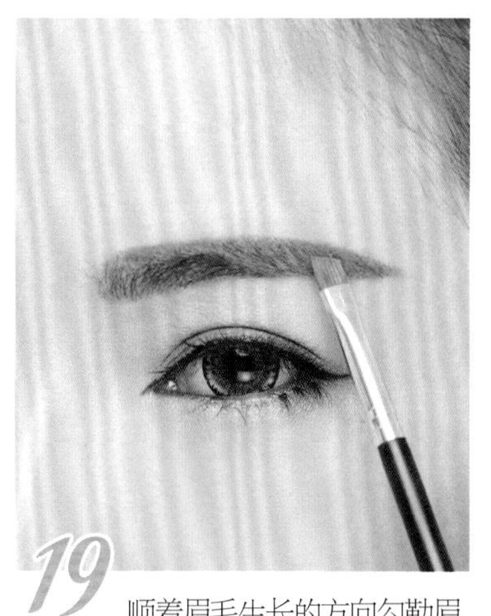

19 顺着眉毛生长的方向勾勒眉毛形状并填充颜色，眉形轻微上挑。

20 用浅色遮瑕膏遮盖新娘唇色，便于后续唇妆的塑形和上色。

21 用植绒粉扑将透明蜜粉按压双唇，让唇膏持久不脱落。

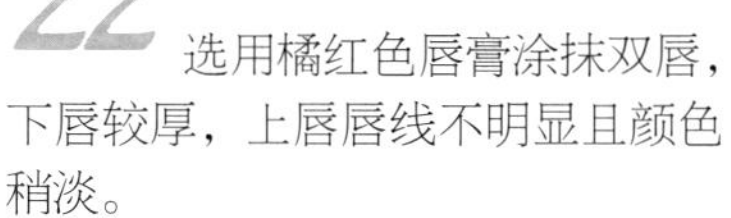

22 选用橘红色唇膏涂抹双唇，下唇较厚，上唇唇线不明显且颜色稍淡。

23 蘸取高光粉在鼻梁上笔直刷扫，打造挺巧翘、立体的鼻子。

24 在下巴刷一个倒三角形，有效提亮下巴、缩小脸部。

Before

After

用气垫底妆和腮红打造干净透亮的妆容。单独用橘红色唇膏加重、加厚下唇，同样可以打造丰润、性感的妆容。

犹如蝴蝶轻盈地在花丛间飞舞，一个简单的蝴蝶结既可以省去发饰带来的花俏，又能让整体发型显得不简单。

Side

卷发和公主头的搭配给新娘带来娇俏、可人的感觉。

Back

卷烫的头发纹理清晰，公主发型因蝴蝶结的加入让人眼前一亮。

25 选用由粗变细的卷发棒，以烫出发梢小卷、发根大卷的效果。

26 把刘海鬓角的头发用卷发棒向后卷烫，高度大约与眉毛齐平。

27 用大号的气囊梳梳顺头发。这种梳子梳齿大，适宜梳卷发。

28 将新娘头发分为如图三个区域，分取两侧耳朵上方鬓发，梳顺待用。

29 将两侧头发绕向脑后中心点，表面碎发抚平即可，发束表面不必太光滑。

30 用皮筋将这两束头发扎出一个发圈，用手将这个发圈从中间分成左右两份。

31 用手将这两瓣头发轻轻拨松开，使其成为一个蝴蝶结的形状。

32 取一缕发束从下向上绕过蝴蝶结中心，遮住分开的发结。

33 将发束的尾部藏在蝴蝶结背面，用黑色发夹固定好。

34 两指轻轻撑开蝴蝶结内圈并整理固定好，可以喷上少量定型产品维持蝴蝶结造型。

35 用密齿梳将新娘的刘海无卷烫部分梳顺， 下方有卷烫部分用手指整理即可。

36 用卷发棒向外卷烫刘海，整理发型，使整体造型完成度更高。

适合双肩带婚纱的韩系新娘妆发

双肩带设计秀出新娘玲珑锁骨，简洁明快的婚纱线条呼应现代简约气息。此款新娘妆容前卫个性，搭配低调华贵水滴型钻石配饰，尽显高贵女神风范。

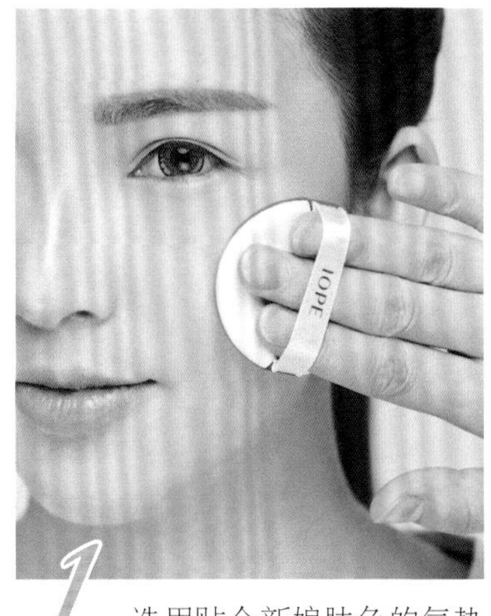

1 选用贴合新娘肤色的气垫粉底产品，采用点擦、按压的手法上妆。

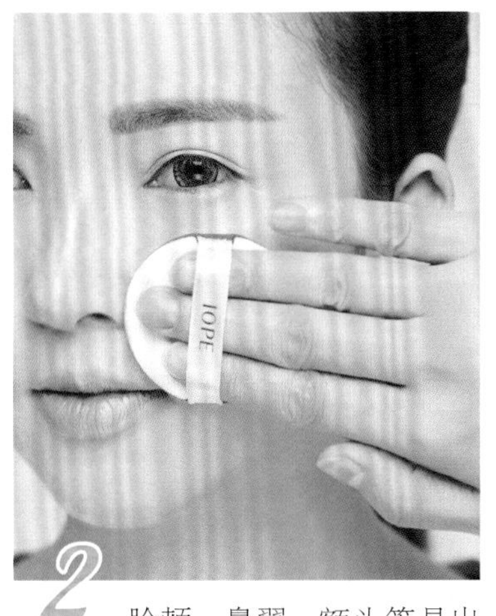

2 脸颊、鼻翼、额头等易出油位置再次按压气垫粉扑，使底妆更持久。

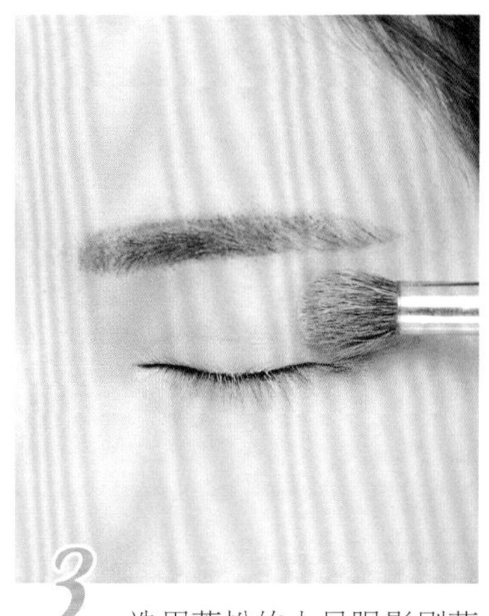

3 选用蓬松的大号眼影刷蘸取哑光白色眼影在上眼皮大面积铺扫，为眼皮打底。

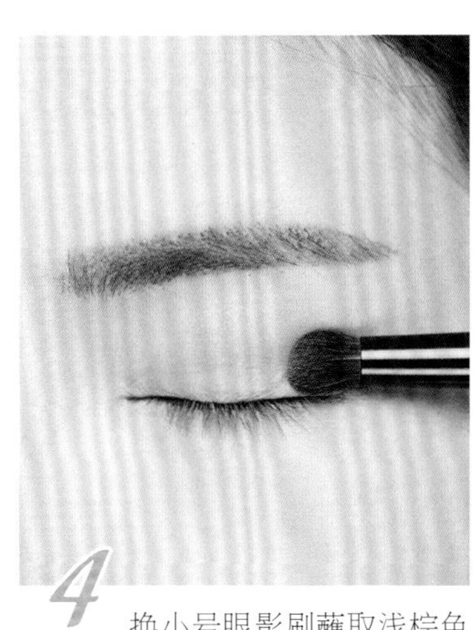

4 换小号眼影刷蘸取浅棕色眼影，在高于双眼皮褶皱处、从眼头开始向后涂刷。

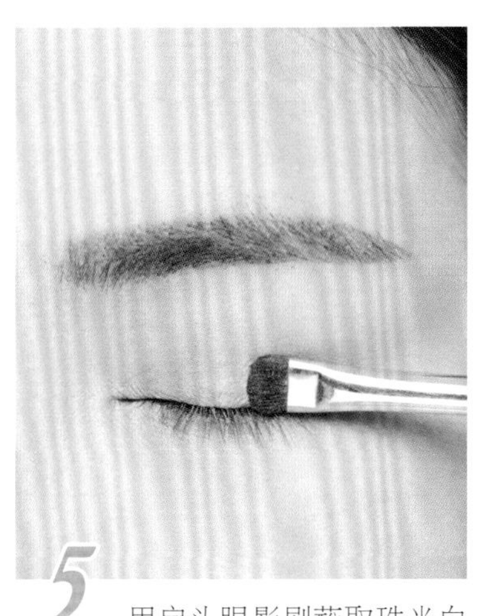

5 用扁头眼影刷蘸取珠光白色眼影在双眼皮褶皱内上色，有利于涂刷狭长的眼皮。

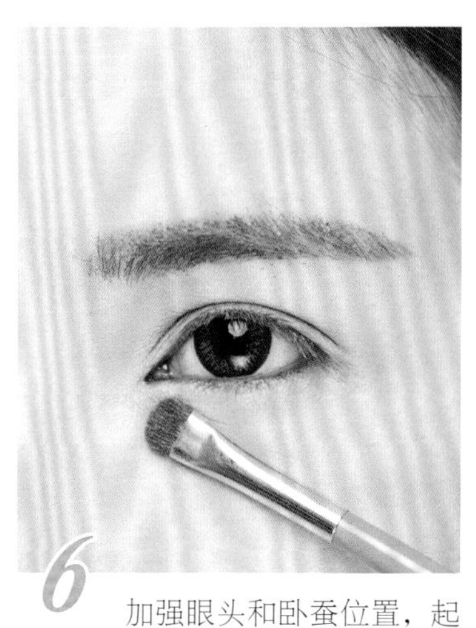

6 加强眼头和卧蚕位置，起到提亮眼头、眼神聚焦的作用。

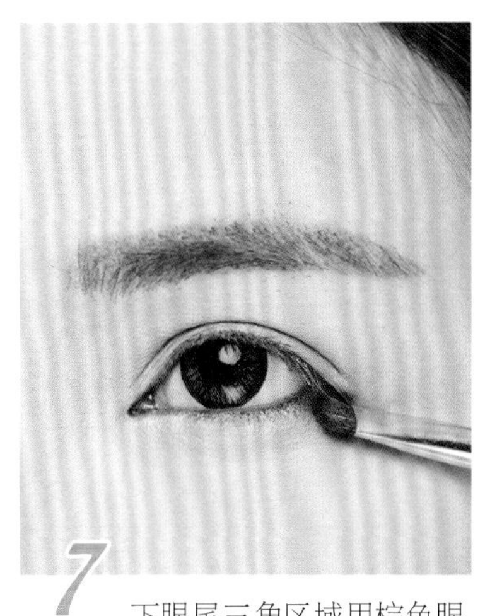

7 下眼尾三角区域用棕色眼影上色，从后往前轻轻刷扫。

8 利用细长的眼影刷刷杆连接鼻翼和眼尾，方便眼线上挑角度的确定。

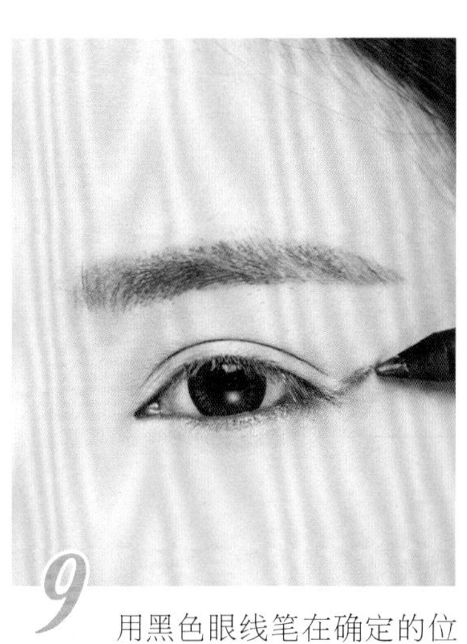

9 用黑色眼线笔在确定的位置上连接眼尾，描画上挑的眼线。

10 描涂完整的上挑眼线，平行于睫毛根部回勾线条，并描画好基础眼线。

11 基础眼线从眼头位置开始加粗、拉长，确定好大致位置即可。

12 用眼线液笔描画特殊型眼线，加粗加黑，使之边缘清晰、角度犀利。

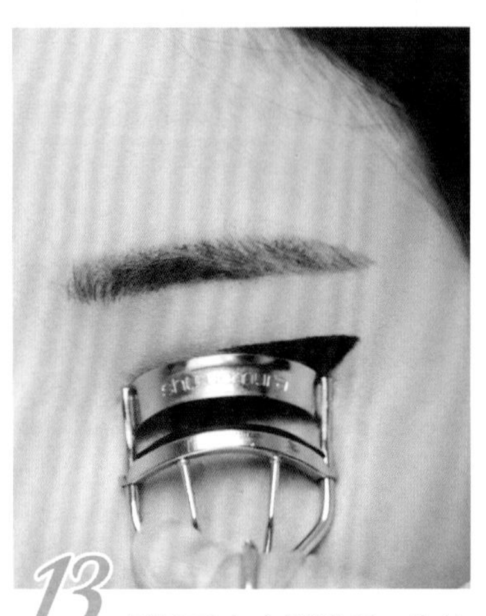

13 用睫毛夹夹翘睫毛。吹热后的睫毛夹更方便夹翘睫毛，睫毛卷烫器即可。

14 选择中部加粗的纤长款假睫毛，贴在上眼皮，用镊子可以方便夹取假睫毛。

15 再次使用眼线液笔描涂睫毛根部，使根部和眼线融为一体。

16 蘸取深棕色眉粉顺着眉毛生长方向勾勒眉形，并填充颜色。

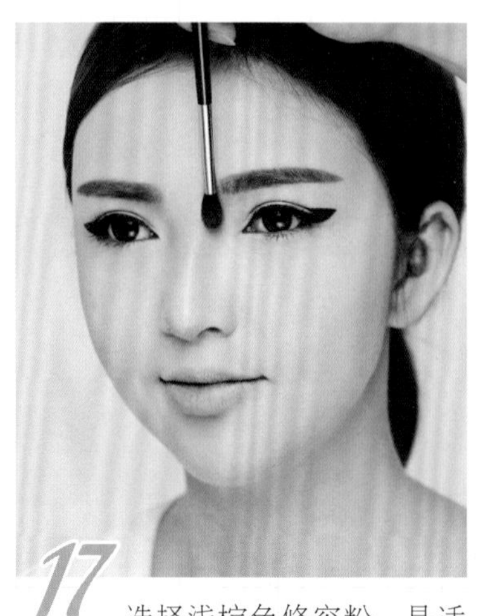

17 选择浅棕色修容粉，是适合亚洲人的肤色修容，蘸取少量修容粉后，在鼻梁两侧轻扫。

18 再蘸取少量修容粉，在鼻头两侧连接鼻尖下端画一个“U”形，可以有放缩小鼻翼并使鼻头挺翘。

19 用斜角修容刷在耳朵前颧骨下方从后往前刷扫，要少量多次。

20 用扇形余粉刷刷扫掉落在脸颊的眼影、眉粉，并蘸取高光粉扫刷在苹果肌上方。

21 在眉心、前额和鼻梁扫刷高光粉，使肌肤呈现自然光泽感，加强五官立体感。

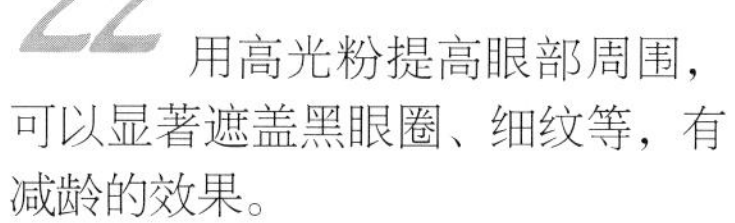

22 用高光粉提高眼部周围，可以显著遮盖黑眼圈、细纹等，有减龄的效果。

23 选择浅色遮瑕膏遮盖新娘唇色，便于后续唇膏的上色和唇形的塑造。

24 选用红色带珠光颗粒的唇膏涂抹双唇，注意仔细嘴角边缘和唇峰位置的上色。

Before

After

这款妆容除了常规的眼线，还回勾一条纤长的眼线作点缀。霸气利落的眼线夸张而大胆，具有现代摩登气息。

干净利落的线条充满现代的设计感，既有熟女的妩媚，又不失少女的浪漫。眉心的佩戴把新娘的优雅纯净展现在人们面前。

Side

线条简洁、流畅，简单却不单调，将辫子改造得独具特色。

Back

发尾卷曲方向一致，透气充盈，整体发型看起来奢华，极具设计感。

25 使用中号卷发棒卷烫将新娘所有头发，朝一侧烫卷，保持头发纹理一致。

26 从左侧撩取最底层头发，将上层的头发卷绕固定好，使之不影响发型制作。

27 稍偏左位置编麻花三股辫，向内编发，力度要较重，纹理要清晰，至发尾扎好。

28 放下上层的头发，取头顶一股头发，在头顶拱起一个发包后顺时针扭拧。

29 扭拧较长的长度便于选取固定点，这股发束固定在发包下方1厘米处。

30 从两侧的鬓发位置取两股头发，梳顺后向脑后方拉。

31 两股发束合在一起后紧握，朝逆时针方向扭拧，扭拧力度要较重。

32 在低于扭拧中心点下方约1厘米处用夹子夹稳固定。

33 将剩下的头发连同扭拧的发束一同拿起，打理好发尾。

34 将左侧编好的辫子从余发上方稍低于第二层扭拧发卷的位置绕过。

35 缠绕头发可以代替发绳，并装饰头发。发尾藏好并用黑色发夹固定。

36 选择水滴形水晶眉心链，固定在额前，调整位置并固定。

打造韩系新娘妆发的 4 个诀窍

韩系妆容更贴近于裸妆，干净的妆面和细致的修容让新娘脸颊没有一点瑕疵。保持腮红和唇色的统一色调，让整体妆面更和谐。韩式新娘偏好干净的盘发与编发、不留一丝余发或将刘海和披发做外翻卷烫处理。大胆、个性，集优雅、时尚于一身，将新娘的小女人性感味道发挥得淋漓尽致。

妆容上必须牢记的 4 个要点

极细眼线

Point: 精致的内眼线更能体现出韩系新娘造型妆容。打造迷人眼妆，眼线当然少不了，但没有内眼线，就谈不上完整。画内眼线时，轻轻抬起眼皮，将睫毛根部和眼睑内黏膜之间完全填满。

腮红修容合二为一

Point: 脸颊不必有突兀的颜色，用偏红棕色的修容粉大面积轻扫颧骨两侧，让边缘自然晕染。腮红和修容融为一体的化法让妆容更清晰自然。

一字眉形

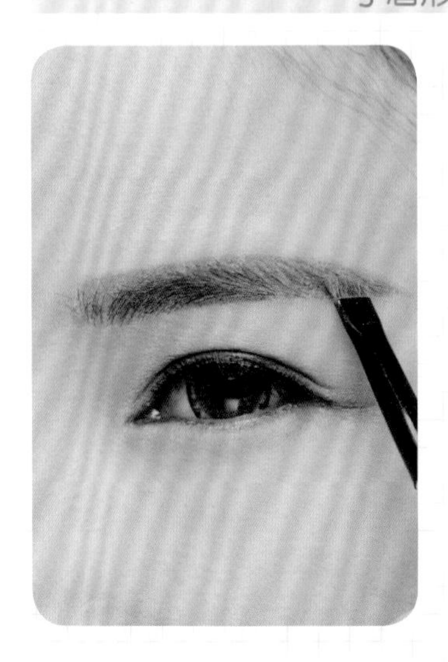

Point: “一字眉”也被称为“童颜眉毛”，有着减龄的效果。将眉形修成“一字眉”给面部增添柔美感。左右对称、密度适中、形态优美的“一字眉”对面部有整体协调、平衡的作用。

洁净妆感

Point: 使用伞形的余粉刷，可以轻松刷扫掉掉落在脸颊的眼影、眉粉颗粒。使用干净的粉扑或散粉刷在脸颊扫上透明或贴近肤色的散粉也可以大大地提升妆面的整洁度。

发型上必须牢记的 4 个要点

外翻烫发

Point: 外翻式鬓发处理不仅可以有效增加发量，还可以修饰脸部轮廓，使两颊显小。中分的刘海很适合外翻的卷发，自然散发妩媚气息。

精致鬓发

Point: 韩系的鬓发处理偏好在所有头发梳起后挑几根散落在脸庞两侧，再用卷发棒将其卷烫，塑造自然凌乱的美感。

注重对称

Point: 对称的编发可以在视觉上修正脸部不对称。从背面看，发型干净整洁、纹理清晰。

哑光定型

Point: 哑光定型产品可以使发丝呈现出自然的光泽感，而不是带反光的质感。哑光的定型产品更合适涂抹在头发根部，不显油腻，自然定型。

Chapter 4

森系新娘化妆发型实例

森系新娘造型总能给人一种不食人间烟火的感觉。不仅自然清新，还能让新娘看起来仙气十足。森系新娘讲究妆感自然、配色淡雅，天然的花材枝蔓则是最好的点缀元素。

适合森系新娘的唯美梦幻咬唇妆

唇部的塑造是面部妆容的关键，使用何种唇色直接决定新娘的气质，深谙或者艳丽的唇色都不属于森系风格。水晶咬唇的自然效果适合喜欢自然活力妆感的新娘。

粉色系咬唇

粉色系韩式渐变咬唇充满可爱俏丽的感觉，具有少女气息。

1 用棉棒蘸取唇部精华涂抹于双唇，让唇部轮廓紧致和唇部丰满。

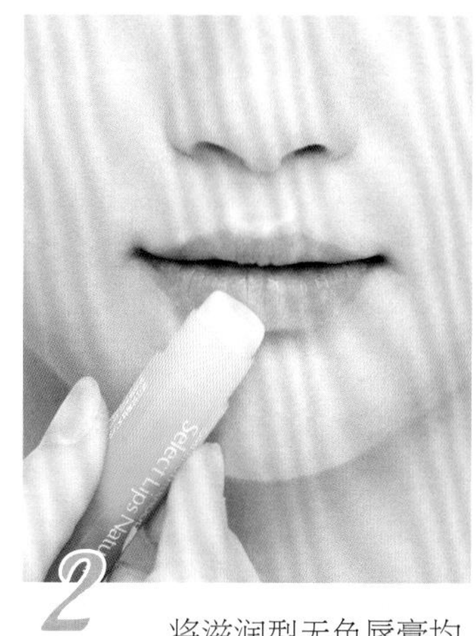

2 将滋润型无色唇膏均匀地涂抹在双唇，便于后续的唇部上色。

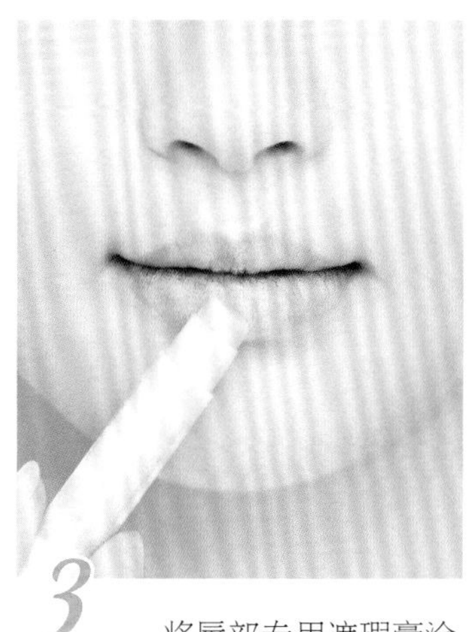

3 将唇部专用遮瑕膏涂抹在双唇，以遮盖原有的唇色和唇部细纹。

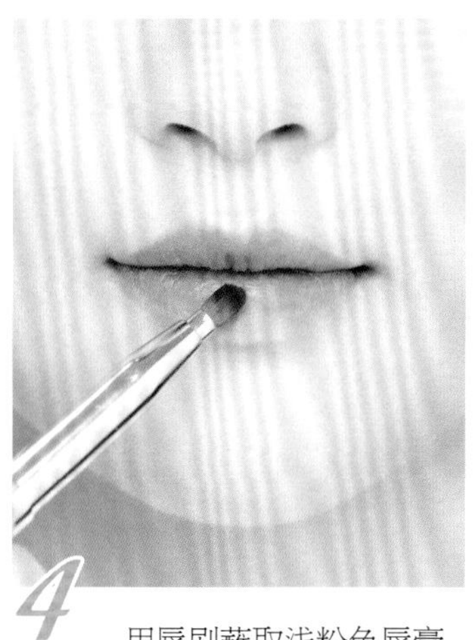

4 用唇刷蘸取浅粉色唇膏，细致而轻薄地在整个唇部涂刷一层。

5 用小支的唇部遮瑕棒在嘴唇边缘轻轻抹开，以柔化唇部边缘的色彩线条。

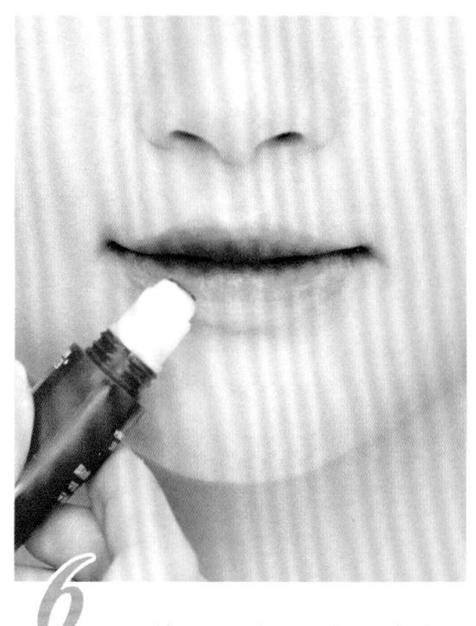

6 将深一色号的红色气垫唇彩涂于上下唇中间内侧位置，突出咬唇效果。

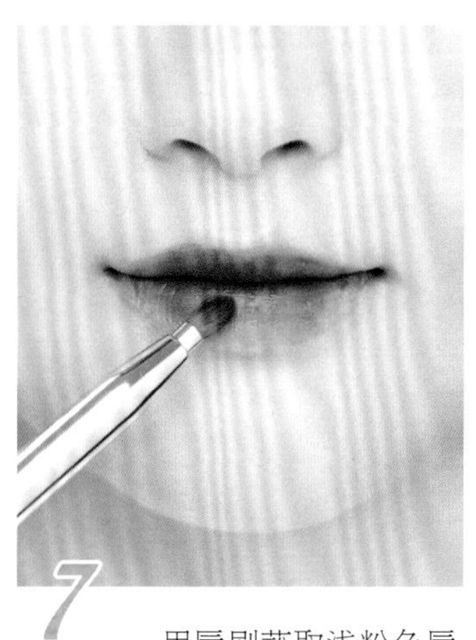

7 用唇刷蘸取浅粉色唇膏，在双唇上轻轻涂刷，使深浅红色晕染更自然。

8 用大号唇刷蘸取带金色珠光的唇蜜涂刷于嘴唇，重点突出双唇中间部位。

橘色系咬唇

相近色系的橘色唇膏更具自然渐变效果，给人阳光般温暖的感觉。

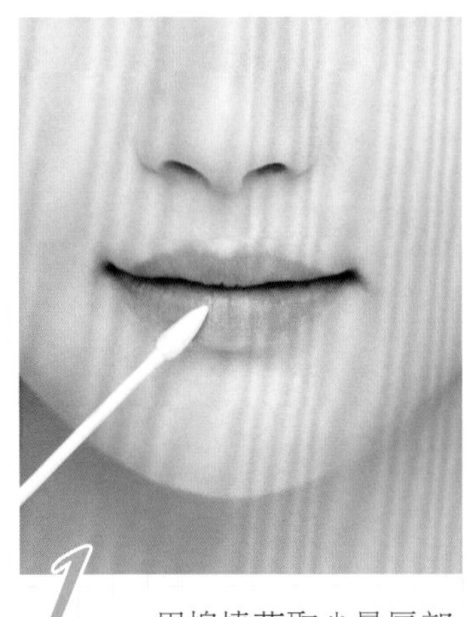

1 用棉棒蘸取少量唇部精华，使唇部更柔软、恢复唇部光泽。

2 将保湿滋润型的无色唇膏均匀地涂抹于双唇，滋润唇部便于后续上色。

3 将唇部专用遮瑕膏涂抹于双唇，直至将原有的唇色被覆盖。

4 选择浅橘色的口红，将整个唇部均匀地全部涂满。

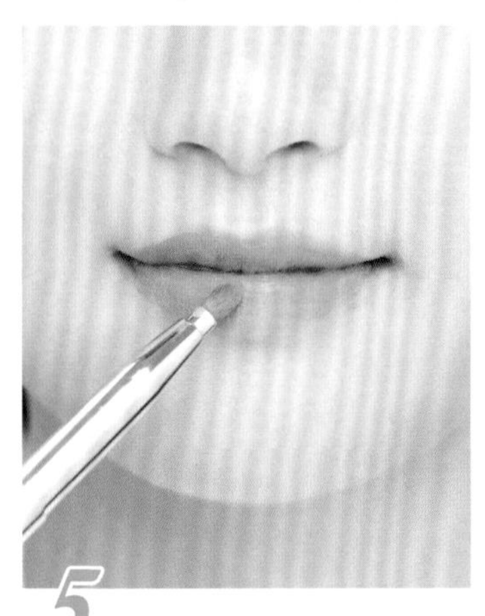

5 用唇刷蘸取稍深的橘色唇彩，涂刷在上下唇的内侧位置。

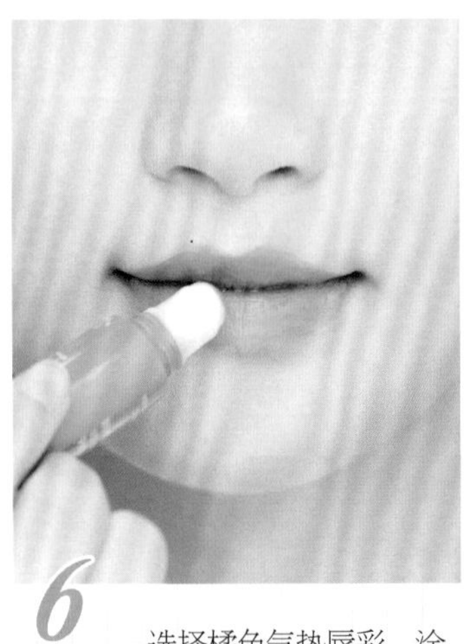

6 选择橘色气垫唇彩，涂抹于双唇中间位置，突出重点。

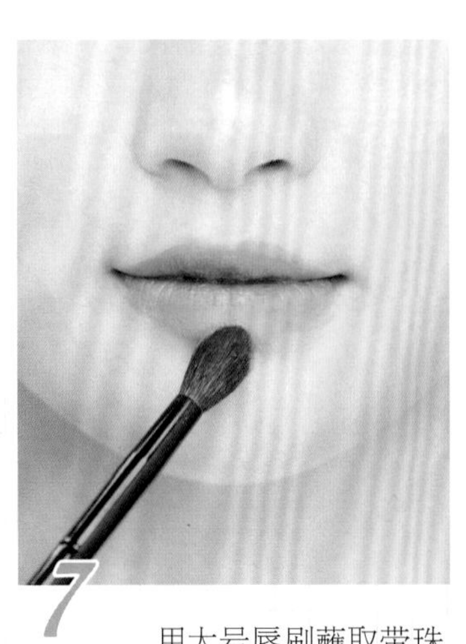

7 用大号唇刷蘸取带珠光的透明唇蜜，在唇上轻刷一层。

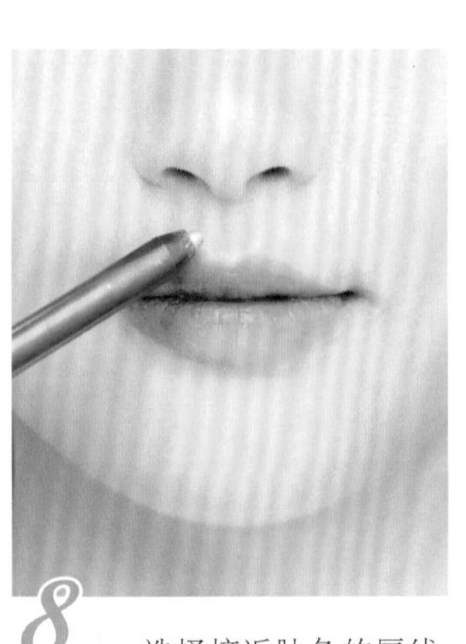

8 选择接近肤色的唇线笔，沿着唇形轻轻描画，注意突出唇峰。

水晶感咬唇

水润晶透是此款唇妆的最大特点，粉嫩的颜色彰显可爱纯真。

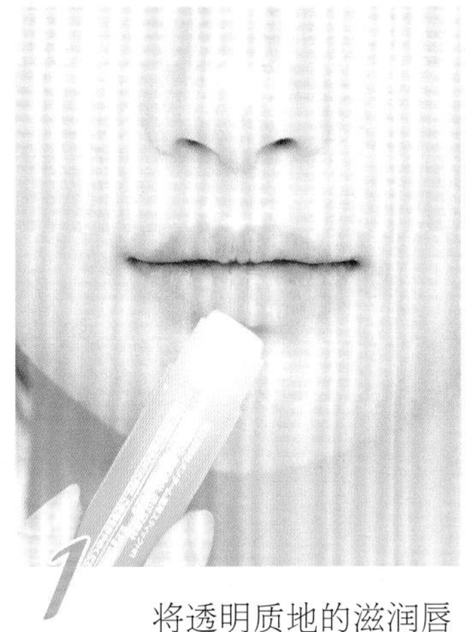

1 将透明质地的滋润唇膏均匀地涂抹在双唇，使唇部得到滋润便于上色。

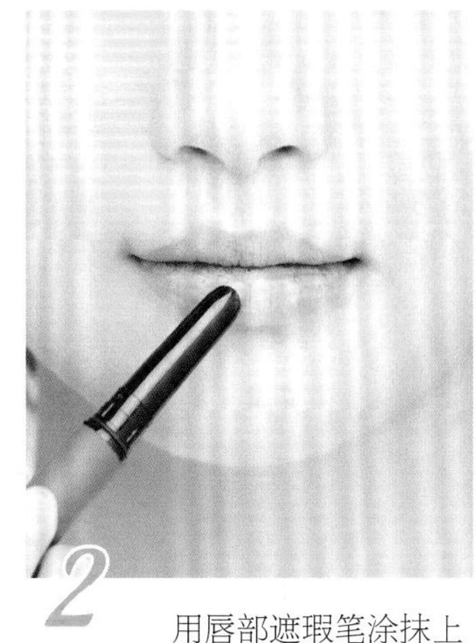

2 用唇部遮瑕笔涂抹上下唇，淡化唇纹，使原来的唇色被覆盖。

3 选择浅玫红色的口红，在双唇上涂抹薄薄的一层作为底色。

4 用高光棒沿着唇廓推抹，打造立体的唇妆效果，并轻轻向唇中心晕染。

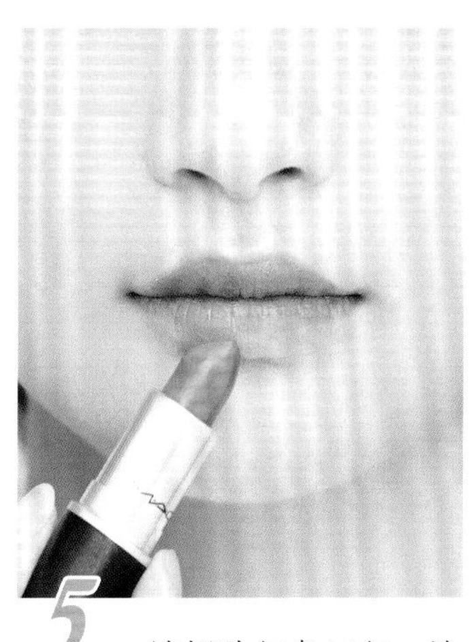

5 选择玫红色口红，涂抹于双唇的内侧位置。

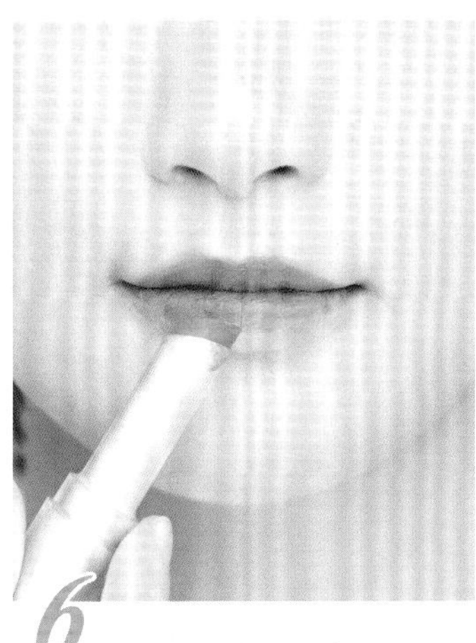

6 选择稍浅一色号的玫红色口红，加强上下唇的中间内侧位置。

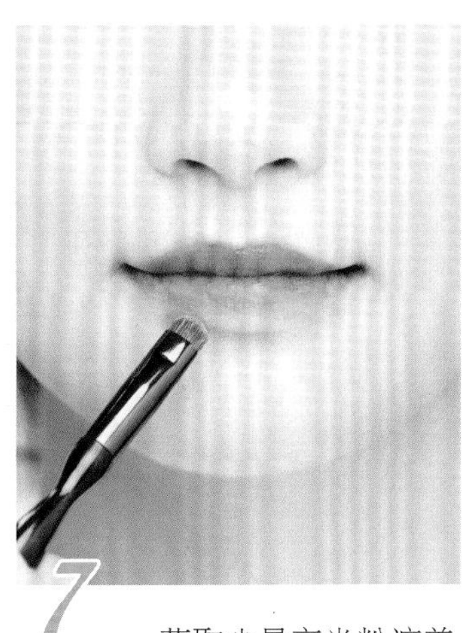

7 蘸取少量高光粉遮盖唇部周围的阴影，突出唇形，再用指腹推匀。

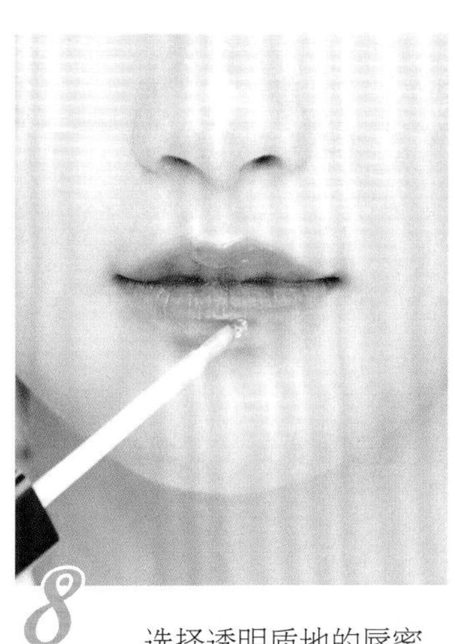

8 选择透明质地的唇蜜，涂抹在上下唇的中间位置。

适合森系新娘的阳光亲吻晒伤妆

紧跟潮流趋势的晒伤妆同样可以在新娘妆上完美运用。森系风格拒绝老派的成熟感。试试具有另类美感的减龄晒伤妆。

look1

双色横向腮红

暖橙色的横向腮红淡淡透露出仿佛被阳光轻微晒伤的健康气色。

1 将高光棒在双颊颧骨位置往太阳穴方向推开，打造立体的面妆效果。

2 蘸取橙色腮红横向大范围轻扫于两侧笑肌。

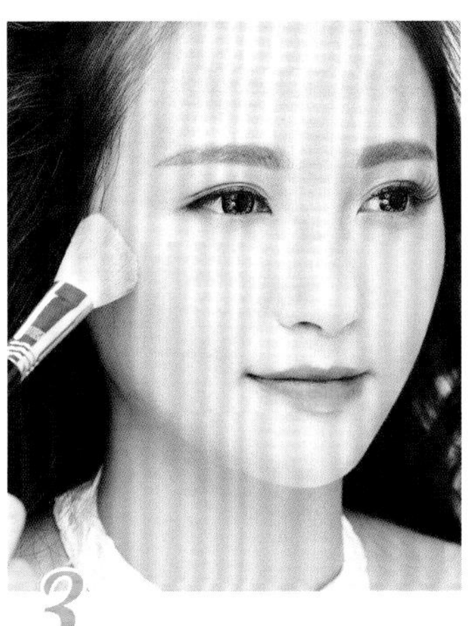

3 用斜角腮红刷将腮红横向拉长，轻扫让腮红与肌肤更贴合。

4 蘸取少量橙色腮红在眼底位置扩大腮红范围，并加强晕染。

5 蘸取深一色号暖橙色腮红轻扫在眼底部位，并晕染腮红边缘。

6 蘸取阴影粉，由眉头开始顺着鼻翼两侧垂直向下轻刷，打造立体鼻梁。

7 用扁平刷具蘸取高光粉在眼下三角区刷扫，提亮眼周部位。

8 用大号且毛质蓬松的蜜粉刷蘸取少量散粉，轻刷于涂好的腮红部位。

连接鼻梁腮红

粉色腮红由双颊与鼻梁横向连接，表现出了微醺萌感。

1 用桃色的高光棒由颧骨往太阳穴方向斜向推匀。

2 用大号腮红刷蘸取最浅色号的粉色腮红，扫刷在笑肌处。

3 换稍小的腮红刷，仔细地将腮红范围晕染扩大，至眼底。

4 蘸取粉红色腮红，着重刷扫于眼底位置，保持色彩的饱和度。

5 用火苗形的晒红刷将眼底的粉红色腮红刷均匀，并将深浅两色晕染自然。

6 用小号腮红刷将两颊的腮红刷至鼻梁连接起来，保持两侧约等的面积。

7 蘸取高光粉，在眼下三角区刷扫，加强眼睛外侧和眉心三角区。

8 用大号蜜粉刷蘸取散粉，轻甩后将其快速多次地刷在画好的腮红上。

日系眼底腮红

日系眼底腮红的关键是加重眼睑下方，以突出轻松活泼的感觉。

1 在颧骨点上浅橘色腮红膏，用手轻拍推匀，使膏状腮红与肌肤更贴合。

2 将高光棒涂抹于颧骨以及T区位置，增强妆容光泽感和立体感。

3 蘸取橘色腮红在颧骨位置采用U字形的画法轻刷，注意范围不要超过眉尾。

4 用稍小的腮红刷在颧骨将腮红膏与腮红粉晕染自然。

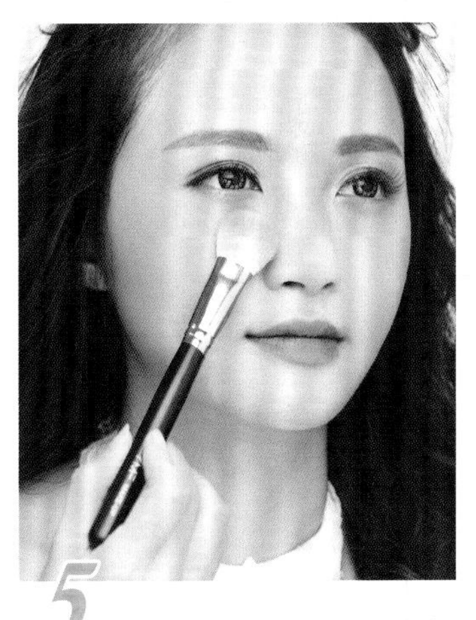

5 用扁平的腮红刷蘸取橘红色腮红，着重刷扫下眼睑。

6 用火苗形的腮红刷从眼头往颧骨方向刷扫，使两种颜色的腮红晕染自然。

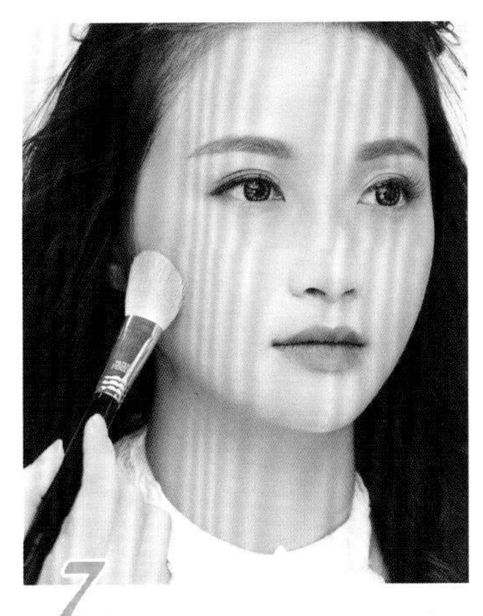

7 用斜角修容刷蘸取修容粉，轻甩后从发际线向下巴方向上下快速刷扫。

8 选用大号的蜜粉刷蘸取散粉，快速多次地刷扫腮红位置。

适合森系新娘的娇俏自然羞脸妆

每位新娘都想有一场属于自己的梦幻婚礼。真正面对爱人的海誓山盟时，新娘的心情一定是充满喜悦的。打造有娇羞感的妆容可以表达出新娘的内心情感，更显动人。

自然感羞脸妆

干净的底妆和简洁的眼妆配合橙粉色腮红，像害羞的女孩般惹人怜爱。

1 用大号眼影刷蘸取珠光白色眼影，大面积、薄薄地涂刷在眼皮上。

2 蘸取裸色眼影均匀地涂刷在白色眼影之上，靠近睫毛位置可多刷一层。

3 换小一号的眼影刷蘸取裸橙色眼影，在双眼皮褶皱位置横向涂刷。

4 用小号眼影刷蘸取金橙色眼影，将整个下眼睑沿着睫毛根部涂刷一层眼影。

5 将眼皮稍稍抬起，用液体眼线笔从眼头向眼尾画基础眼线。

6 蘸取裸橙色腮红，从颧骨往太阳穴方向，采用椭圆形的方式斜刷。

7 蘸取少量裸粉色腮红从颧骨向眼底方向横向晕染，打造双色腮红。

8 用火苗形的腮红刷在腮红位置循环刷扫，将两色腮红晕染自然。

光泽感羞脸妆

微微提亮眼睑不仅能让眼睛更有神，还能提升新娘可爱系数。

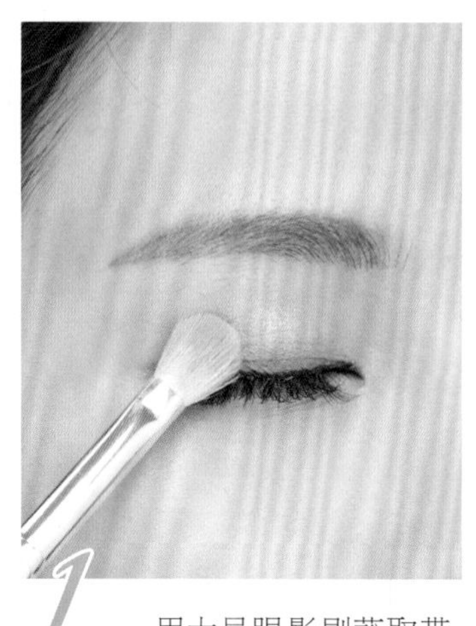

1 用大号眼影刷蘸取带珠光白色眼影，从上眼皮眼头向眼尾大面积涂刷。

2 蘸取橙棕色眼影在上眼皮大面积横向涂刷，靠近睫毛位置可多刷一层。

3 蘸取橙棕色眼影薄薄地涂刷于上下眼皮外眼角的1/4处。

4 用小号扁头眼影刷蘸取带珠光白色眼影，轻轻按压眼头凹陷处。

5 用金棕色卧蚕笔重点涂抹在下眼皮中间位置靠近下睫毛的卧蚕上。

6 将眼皮微微抬起，使用液体眼线笔沿着睫毛根部从眼头向眼尾画眼线。

7 用大号腮红刷蘸取蔷薇粉色腮红，从脸颊眼底位置往颧骨方向横刷。

8 用中号腮红刷在腮红处来回轻扫，让腮红晕染更自然。

柔和感羞脸妆

自然柔和的整体妆容可以把最纯净的气质表现出来，腮红就是娇羞妆的关键。

1 用带珠光的白色眼影在上眼皮大面积涂刷一层作打底。

2 蘸取亮棕色眼影在上眼皮从眼头向后轻刷一层，加强眼尾处的着色。

3 蘸取少量亮橙色眼影在眼头凹陷处轻轻按压，来回涂抹以晕淡。

4 蘸取深棕色眼影，在上眼皮的眼中位置靠近睫毛根部横向轻刷一层。

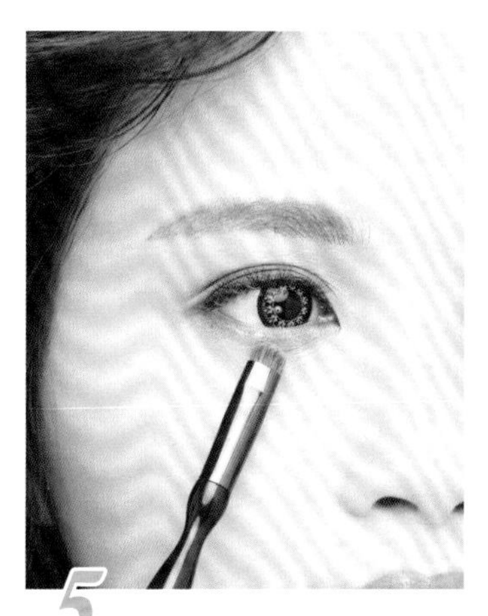

5 用小号眼影刷蘸取亮橙色眼影，在下眼皮从眼尾向眼头薄薄涂刷。

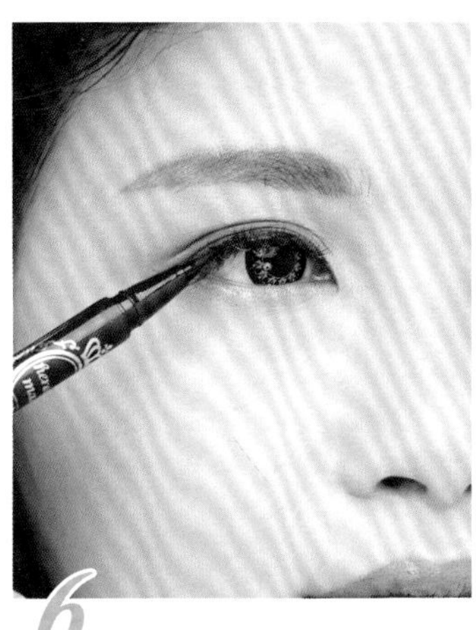

6 用液体眼线笔从眼中的位置下笔，从眼中到眼头、再从眼中到眼尾画眼线。

7 用腮红刷蘸取珊瑚橙色腮红，轻甩开后从眼底向颧骨方向斜刷。

8 选择比珊瑚橙色稍深一色号的腮红，用斜角腮红刷蘸取从颧骨位置向后轻刷。

鲜果橙黄色打造元气森系妆发

鲜果橘色主打的妆容给人充满元气的感觉，配合简单有型的眼妆更显朝气。轻柔、通透的妆感适合搭配轻薄飘逸类型的婚纱礼服。

森系侧面

用少量素雅气质的花材装饰于丸子头侧边，简洁利落的发型与轻柔妆容相得益彰。

森系背面

力求每一缕发丝自然生动，凌乱中有型是打造发型的关键。

1 选择贴合肤色的粉底，在脸颊、下巴、嘴角和额头点擦，并用刷子均匀扫开。

2 选择比肤色深两号的粉底液，从颧骨到腮帮处、沿着发线交界处薄薄刷上一圈。

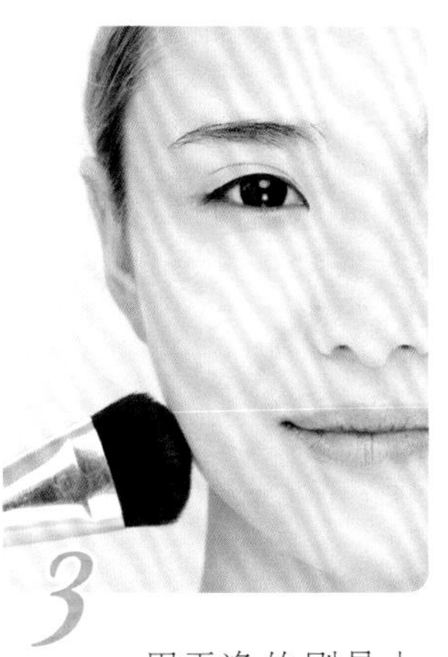

3 用干净的刷具由上至下大面积轻刷脸部，扫走多余的粉底液，提升粉底与肌肤的紧密度。

4 从脸颊至额头、鼻子、下巴，大面积、轻薄地刷上一层蜜粉，切勿厚重，呈现细致皮肤。

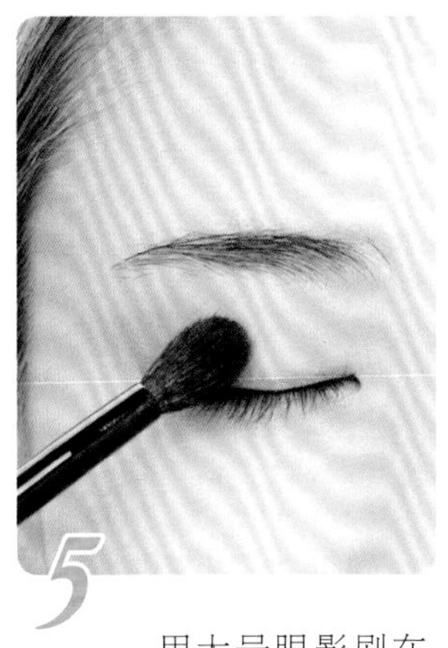

5 用大号眼影刷在整个眼皮上大面积刷扫上一层浅橘色眼影，颜色要刷扫均匀。

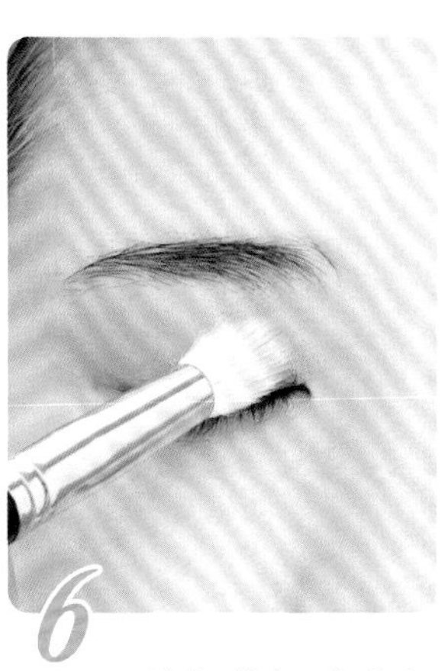

6 选择带细腻珠光的浅橘眼影，在整个上眼皮上刷扫，提亮眼影的光泽度。

7 蘸取带细腻珠光的白色眼影，重点刷扫眼头处，提亮眼头有放大眼睛的作用。

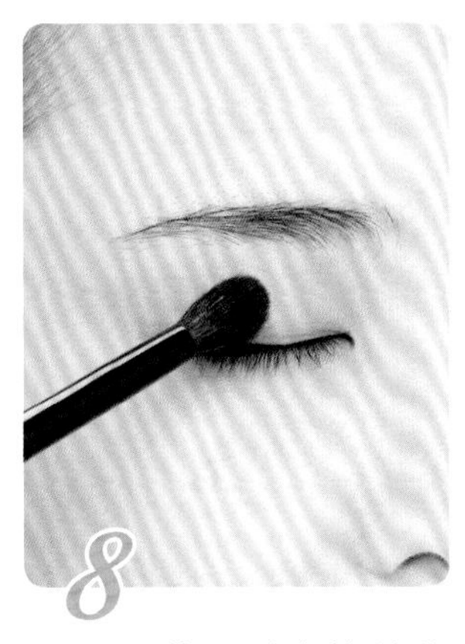

8 换用干净的眼影刷，从眼头开始向眼尾横刷，将浅橘色眼影与珠光白色眼影晕染自然。

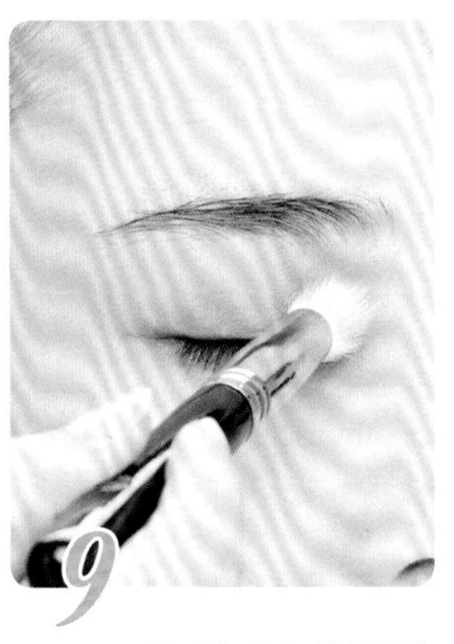

9 换用干净的眼影刷，在眼头处以旋转画圆的方式将白色眼影晕染自然。

10 选择扁圆刷头的眼影刷，在下眼皮后1/3眼尾处沿着下睫毛根部刷上浅橘色眼影。

11 蘸取少量亮橘色眼影在眼中至眼尾处轻刷，加强晕染效果。

12 用眼线胶笔从眼头往眼尾的方向，沿着睫毛根部画上内眼线。

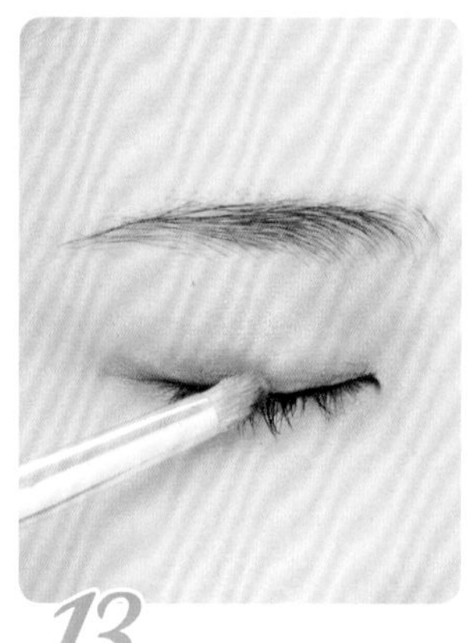

13 用小号眼影刷蘸取深棕色眼影，沿着眼线的痕迹在眼皮上刷扫。

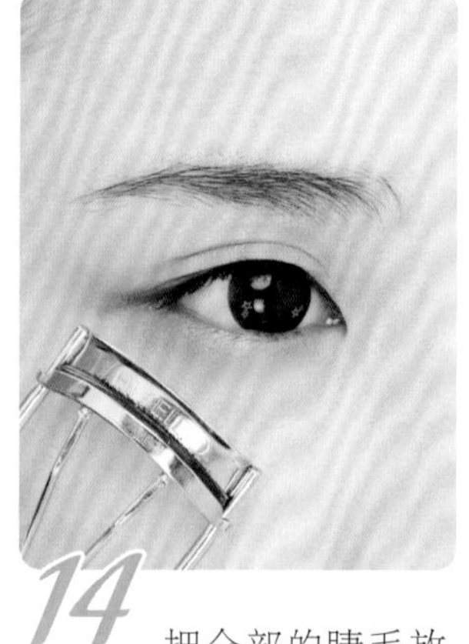

14 把全部的睫毛放进睫毛夹的软垫，只需要夹睫毛根部，运用手部的力量向上带，将睫毛向上翻夹。

15 用睫毛膏刷Z字形由睫毛根部向上重复刷涂，至分量丰盈。睫毛根部要多刷涂几次。

16 将棕色假睫毛修建成适合眼形的长度，涂上胶水待其干后沿睫毛根部粘上。

17 用液体眼线笔将整条眼线的细节完善，在眼尾处画出一条自然上扬的眼线。

18 用眉刷蘸取浅棕色的眉粉，沿着眉形刷出眉毛大致的形状，眉头部分轻刷带过即可。

19 用液体眉笔，按照眉毛生长的方向和长度画在眉毛比较稀疏的地方，打造根根分明的眉毛。

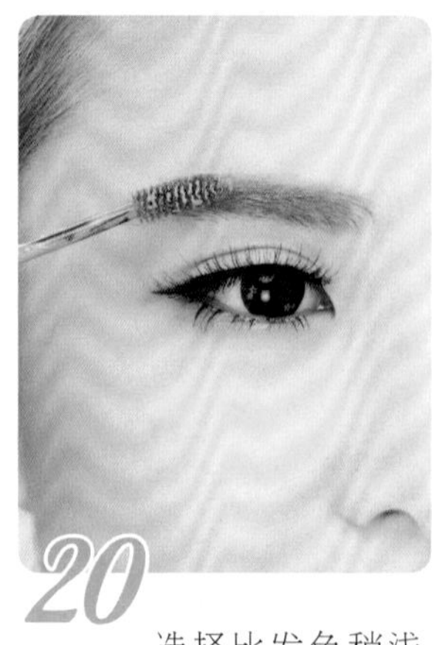

20 选择比发色稍浅的染眉膏，从眼头开始顺着眉毛生长方向向后刷上一层，注意颜色过渡自然。

21 用毛质蓬松的腮红刷蘸取珊瑚橘色腮红，从颧骨最高处向太阳穴的方向轻扫。

22 选择橘色的唇膏，沿着唇形在双唇均匀涂抹，把超出嘴唇边缘的多余颜色擦拭干净。

23 将所有的头发置于背后梳顺，每次取一缕头发用卷发棒卷烫。

24 把全部头发集中成一束，梳至后脑高处，用发圈固定好。

25 保持马尾高度不变，用手将发根处的头发轻拉松散，使马尾显得蓬松。

26 将马尾的发量一分为二，把其中一份按顺时针旋方向扭拧成股。

27 把另一份头发以相同的方法扭拧成股，再与上一步扭拧成股的头发相缠绕成发包。

28 把两鬓散落的发丝全部进行卷烫，卷烫弧度大小尽量一致。

29 把刘海全部梳至额前，用卷发棒向额内卷烫。

30 用打毛梳选取两鬓的几缕发丝，由下至上梳毛。

31 整体观察后将头顶比较扁塌的位置，用手向上轻拉头发使蓬松。

32 在发包的右上侧集中插入一簇蓝绣球，把枝干隐藏在头发里。

33 在蓝绣球花瓣中插入两枝大小不一的玫瑰花，插入位置有高低不同。

34 在蓝绣球的上方垂直插入 2~3 枝叶上花，插入位置可高低不一。

明朗橘红色打造温暖森系妆发

橘红色不像红色那么热烈，也有异于橘色的活力，会给人带来刚刚好的感觉。橘红色主打的妆容充满明朗的感觉，如午后暖阳般温暖。

温暖侧面

简约的侧边发配合有朝气的橘红色妆容，展现有个性的浪漫魅力。

温暖背面

沿着辫子的弧形插入几枝精细的花材，符合森系崇尚自然风格的理念。

1 选择贴合肤色的粉底，在脸颊、下巴、嘴角和额头点擦。

2 将较深号的粉底在下巴两侧刷开，在视觉上收小脸部。

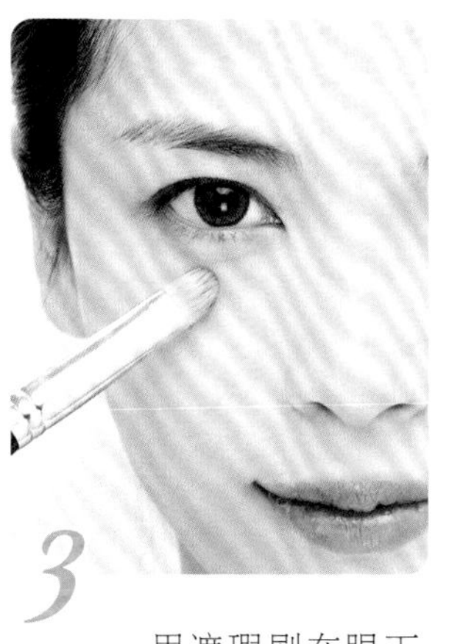

3 用遮瑕刷在眼下轻轻刷上遮瑕膏，以遮盖黑眼圈和眼下细纹。

4 蘸取控油蜜粉刷扫脸颊周围，控制和延缓出油的时间，保证妆容持久。

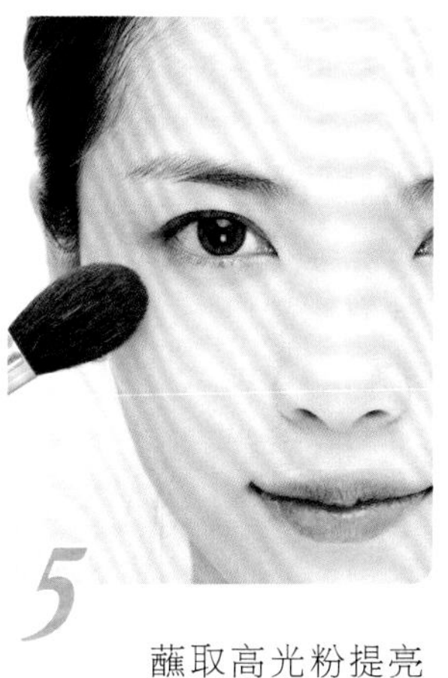

5 蘸取高光粉提亮眼周，在视觉上转移对黑眼圈的注意力。

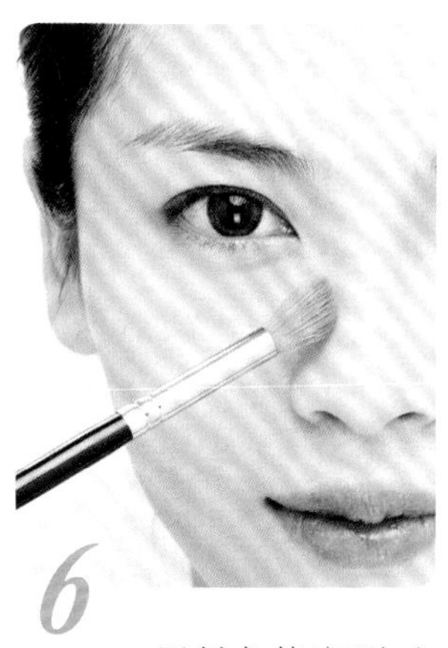

6 用斜角修容刷对鼻梁两侧进行修容，哑光的浅棕咖色更适合黄皮肤的亚洲人。

7 用斜角修容刷对脸颊两侧、额头发际线进行修容，让脸部看起来更小、更立体。

8 蘸取带细腻珠光的粉棕色眼影从后向前刷扫，眼影的上色范围可以稍大。

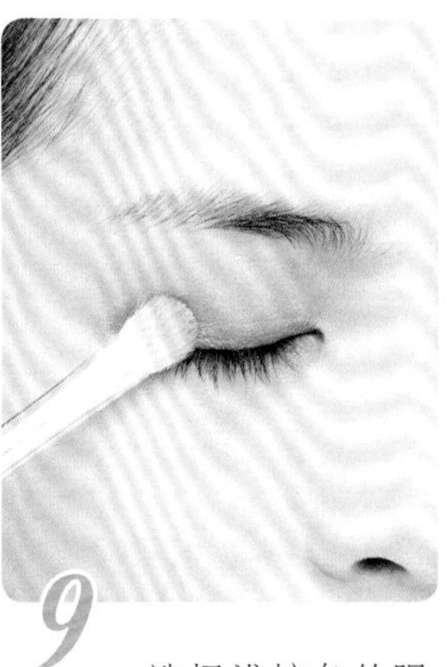

9 选择浅棕色的眼影，在小于上一层眼影范围内从后向前刷扫，打造有层次的眼影效果。

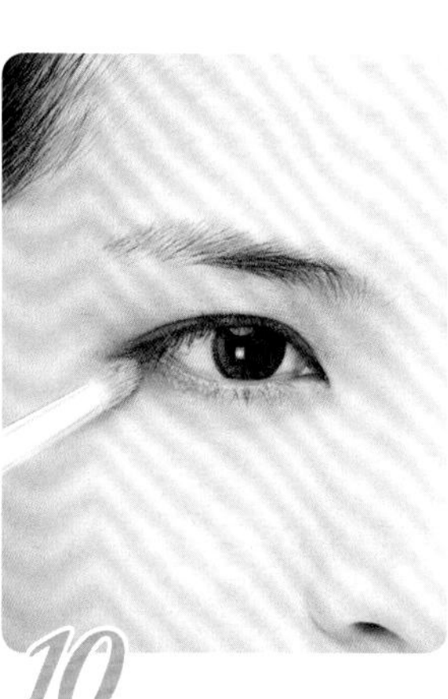

10 用细小的尖头眼影刷蘸取浅棕色眼影，刷扫下眼皮后1/3处。

11 将深粉色眼影在眼尾后2/3处轻微晕染。作为提亮整个眼妆的颜色，边缘要过渡自然。

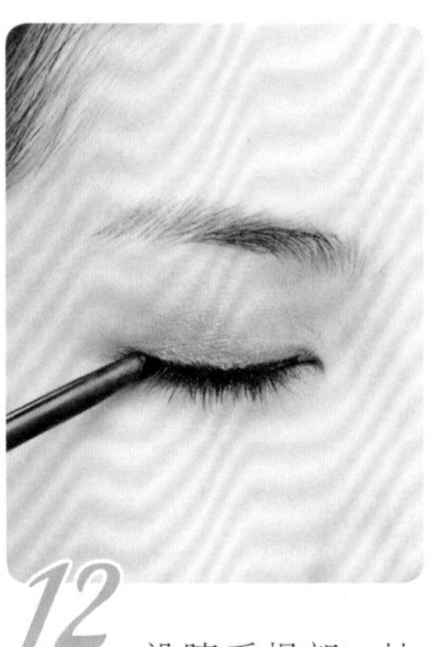

12 沿睫毛根部，从眼角向眼尾画基础眼线，注意填满睫毛根部。

13 夹翘睫毛后用睫毛膏刷翘睫毛，水平Z字形抖动涂刷避免睫毛打结。

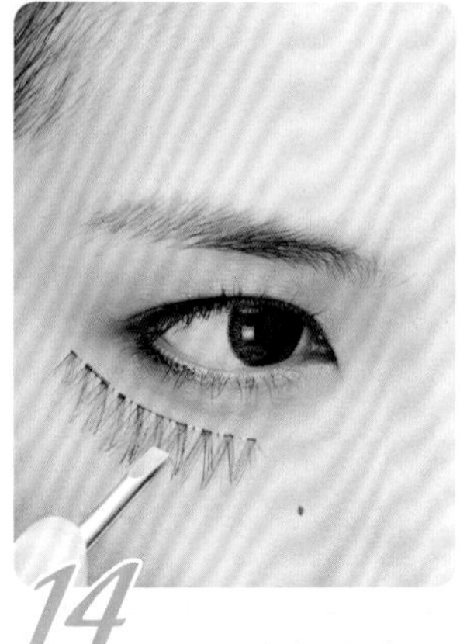

14 选择棕色的簇状假睫毛并贴好，棕色假睫毛比起黑色的更自然、更生动。

15 用黑色的眼线液笔填补假睫毛之间的空隙，在眼尾拉长约2毫米。

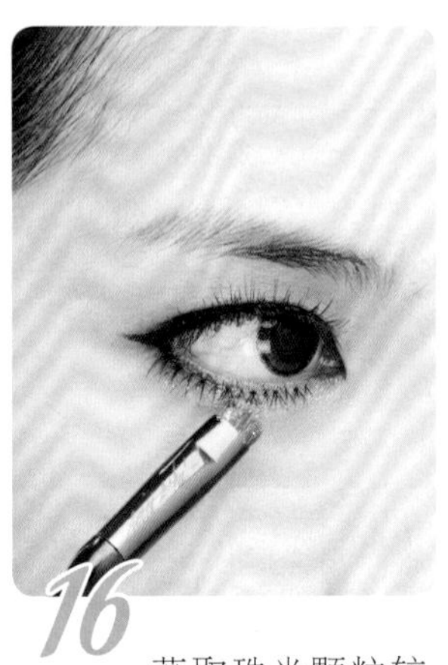

16 蘸取珠光颗粒较大的金色眼影粉，在上下眼皮卧蚕位置轻沾。

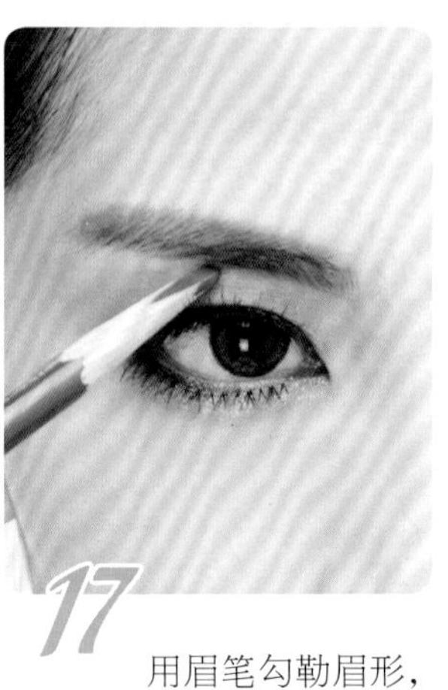

17 用眉笔勾勒眉形，眉毛下方的线条上挑平直，上方线条捎带弧度。

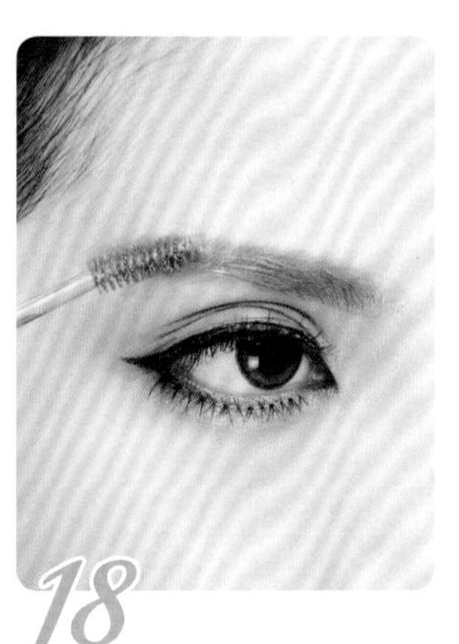

18 用金棕色染眉膏将眉毛颜色染浅。

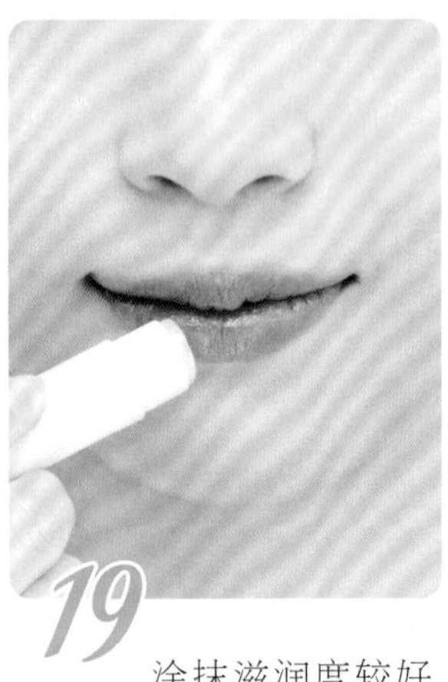

19 涂抹滋润度较好的润唇膏，抚平唇纹，让双唇更水润饱满。

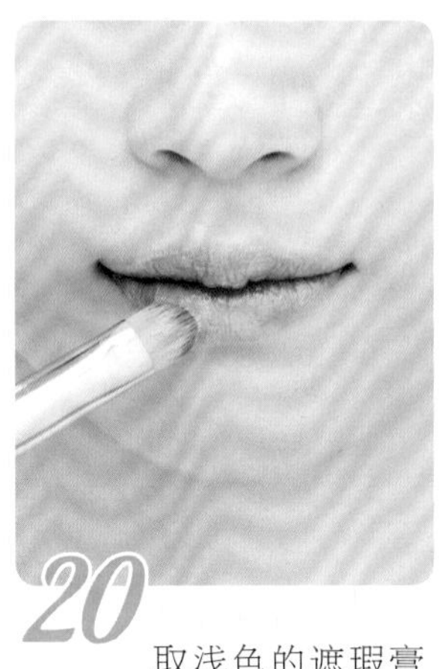

20 取浅色的遮瑕膏遮盖双唇，目的是遮盖唇色，便于塑造新的唇形。

21 选择哑光的粉橘色唇膏涂抹双唇，注意嘴角位置也要认真涂抹。

22 用橘色的气垫唇膏再次加强唇部色彩，使唇部更有层次感、颜色更持久。

23 从头部一侧开始，每次抓取相同的发量，用卷发棒卷烫所有的头发。

24 从头顶左侧抓取一缕头发，用打毛梳由下至上将发根位置的头发梳毛。

25 把打毛的这缕头发，从发根开始垂直向下编成麻花三股辫。

26 从右侧耳郭处取适量头发，向后编三股辫，并不断选取新的发束形成一股加入到编发中。

27 右侧的辫子编至脑后中间位置后，用黑色发夹固定好。

28 左侧的辫子也拉至脑后中间位置集中，再用小黑夹固定。

29 左侧辫子下方散落的头发，用手将发根位置的头发向上提拉并固定好。

30 用与 29 步骤相同的方法，将右侧辫子下方散落的头发固定好。

31 脖子处的发尾向内卷并固定住，与上面的发包紧密结合在一起。

32 整体观察后，用于将头发比较扁塌的地方向外拉出使蓬松。

33 两鬓散落的几缕发丝用卷发棒卷烫，至发根。

34 用手将细碎的发丝向头顶方向拨，保持一定距离喷上干胶。

浪漫粉色打造唯美森系妆发

通过淡淡的粉色眼影及唇彩来突出唯美效果，晕染的淡粉色腮红充分表现出婚礼上新娘的甜蜜感，发型上只保留两鬓零碎的发丝，尽情展现新娘的精致五官。

唯美侧面

保留几缕随意散落的发丝，让盘发不再规整无趣，显得更自然。

唯美背面

有型的盘发用淡雅风格的花瓣进行零星点缀，既随意又细致。

1 选择有细腻珠光的妆前乳，涂抹在脸颊、额前和下巴。

2 在下颌骨使用稍微深一色号的粉底或修容膏，打造精致小脸。

3 针对鼻翼、嘴角和眼下的暗沉，使用遮瑕膏进行重点遮盖。

4 用大号的散粉刷蘸取定妆散粉，对脸颊、鼻翼和额头易出油部位进行定妆。

5 眼周用滋润度较高的高光粉提亮，避免干纹且提亮眼睛。

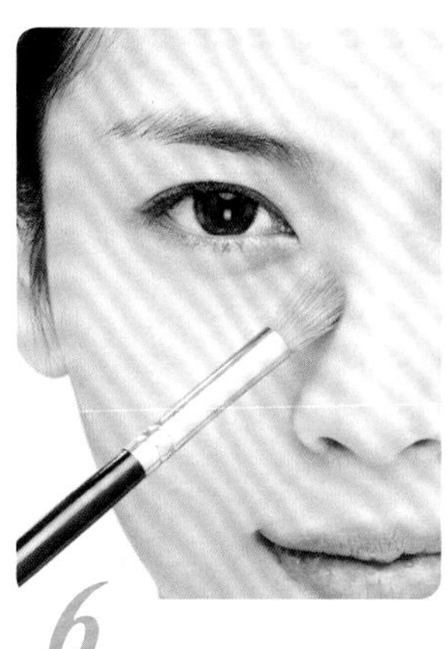

6 蘸取浅棕灰色的修容粉或哑光眼影粉对鼻翼两侧进行修容，使鼻子更高挺。

7 用大号的眼影刷蘸取珠光白色眼影，大面积扫刷上眼皮，重点加强眼球上方。

8 换取较小一号眼影刷，蘸取珠光珊瑚粉色眼影从眼尾向前刷扫。

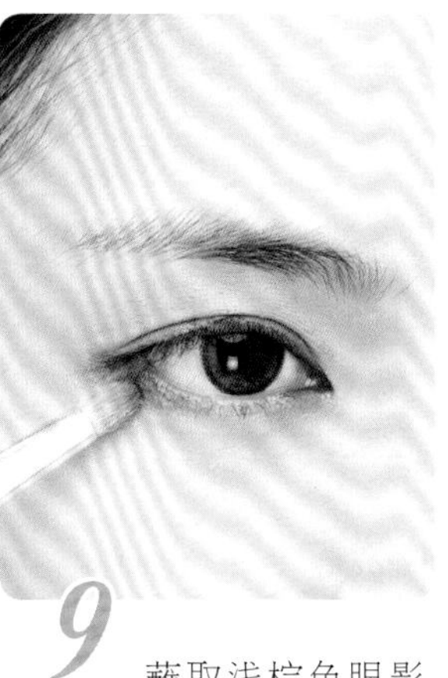

9 蘸取浅棕色眼影在下眼皮后1/3处从后向前刷扫，注意范围不要太大。

10 紧贴睫毛根部画基础眼线，用眼线笔或眼线胶笔触感会更顺滑。

11 将眼线笔的笔头部分削扁平，笔尖可更精准地控制眼线范围。

12 夹好睫毛后，用睫毛膏从根部向上Z字形抖动刷翘、刷长睫毛。

13 选择棉线梗自然款的假睫毛并贴好，棉线梗的假睫毛舒适度更高。

14 用黑色哑光眼线液笔画上眼线，将眼头填满，眼尾变细。

15 用香槟金色或淡粉色卧蚕笔加强卧蚕，有提亮和减龄的效果。

16 用眉刷将浅棕色眉粉轻刷出眉形，捎带颜色即可。

17 眉毛不需太浓，勾勒平直、眉毛上方略带弧度的眉毛。

18 蘸取高光粉或珠光浅色眼影，在眉毛下方提亮，让眉骨看起来更立体。

19 用松软的腮红刷在颧骨上方，用打圈圈的手法刷扫粉红色腮红。

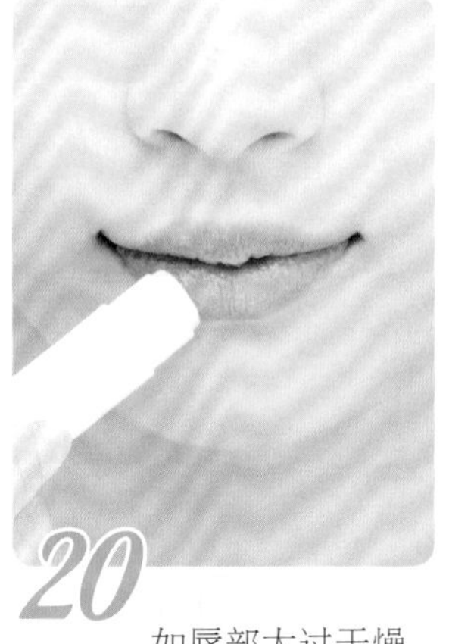

20 如唇部太过干燥，可用滋润度较高的、带防晒的唇膏涂双唇。

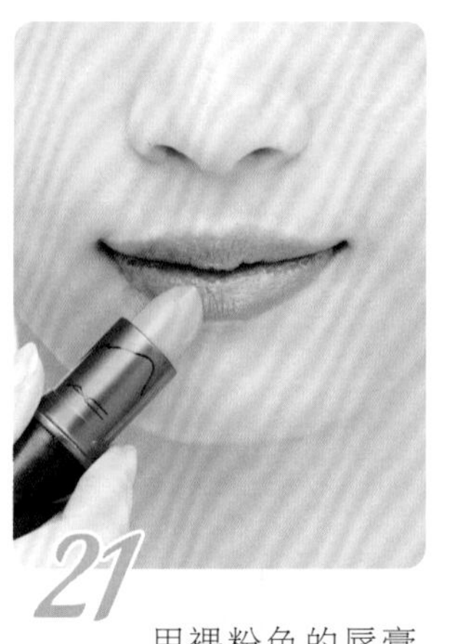

21 用裸粉色的唇膏涂双唇，为唇部做第一次唇膏颜色的打底。

22 用唇膏刷取桃粉色唇膏，涂抹双唇内1/2，打造有层次感的双唇。

23 将头发置于背后，用卷发棒分次抓取一缕头发并分批卷烫。

24 将右侧鬓角的头发稍加整理，扭拧集中至耳郭上方。

25 将额头及头顶中间的头发向上提拉，发尾稍扭拧后固定在脑后。

26 选取一缕平行于头顶发包、并靠左侧的头发，向上稍加扭拧后固定。

27 用手将头顶成型的发包向上轻拉，使之自然蓬松。

28 从左耳郭上方选取一缕头发，把发尾向上翻卷，呈圆形发包。

29 从背后散落的头发中不断挑出头发向上翻卷，并保持与圆形发包平行。

30 持续将头发翻卷集中至右侧，直至形成一个横向的发髻，再固定好。

31 将剩余散落的头发从左边开始向上向外翻卷，直至发根，再固定好。

32 继续翻卷散落的右侧头发，直至与左边的头发形成一个横向发髻。

33 在发髻最低处扯落几缕发丝，用卷发棒稍加卷烫。

34 用卷发棒将两鬓散落的几缕发丝烫卷至发根。

轻柔裸色打造自然森系妆发

整体妆容简约却不简单，展现新娘清澈无瑕的面庞，衬托小清新气质。无论是眼妆或唇妆，通通摆脱厚重的色彩负担，打造若有似无的自然妆感。

自然侧面

用细小体积的花朵在头发侧边装饰，配合恬淡的淑女气质。

自然背面

同样不容忽视的还包括编发细节，越细微的地方越能体现出用心和品质。

1 在脸颊上轻点上隔离乳，用手由中间向外轻拍推匀。

2 用扁平头的化妆刷将粉底液从中间往两侧、从下往上在脸上刷匀。

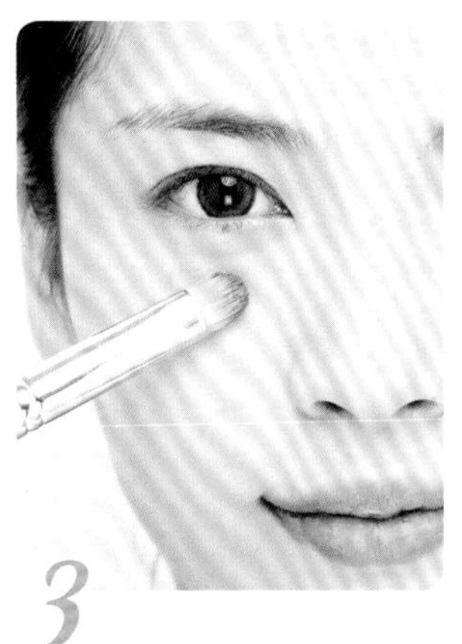

3 蘸取浅色遮瑕膏，在眼圈、眉根、鼻侧和唇下部等处轻刷一层。

4 用大号的蓬松蜜粉刷蘸取少量蜜粉，由下往上、由里向外快速轻扫脸部。

5 蘸取高光粉从眉毛外侧到颧骨上方，C字形轻刷，重复相同的动作，打造立体妆感。

6 蘸取浅白色眼影，大面积涂刷整个上眼皮，打底。

7 在整个上眼皮处从眼头向眼尾，均匀涂刷上一层薄薄的裸橘色眼影。

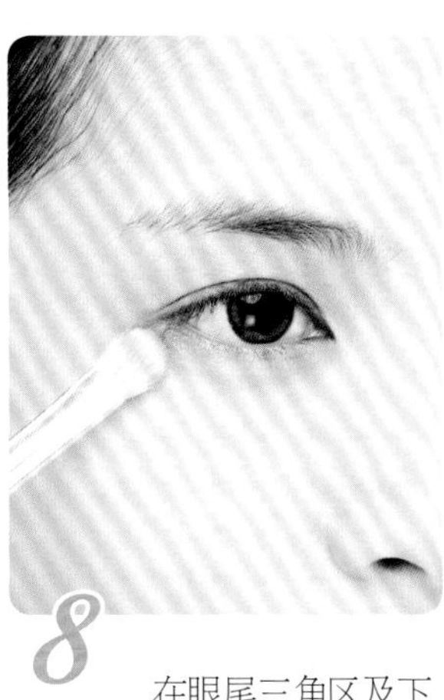

8 在眼尾三角区及下眼尾处也轻刷一层裸橘色眼影，注意范围不要太大。

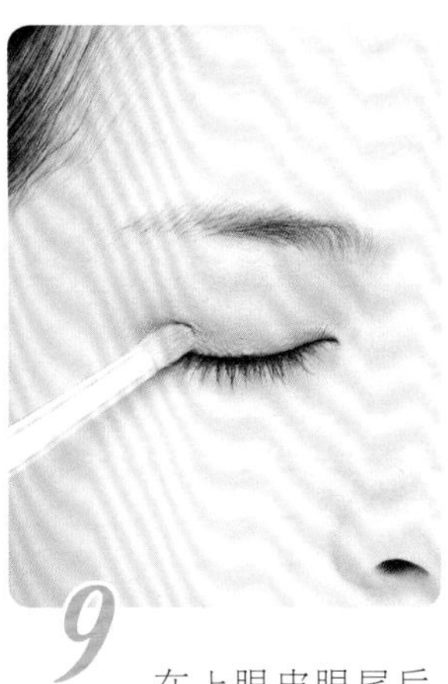

9 在上眼皮眼尾后1/3处由后向前刷扫一层裸棕色眼影。

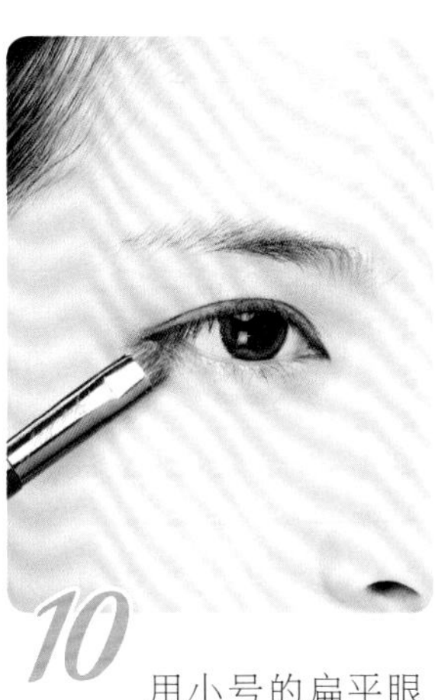

10 用小号的扁平眼影刷在眼尾三角区以及下眼尾处轻刷少量的裸棕色眼影。

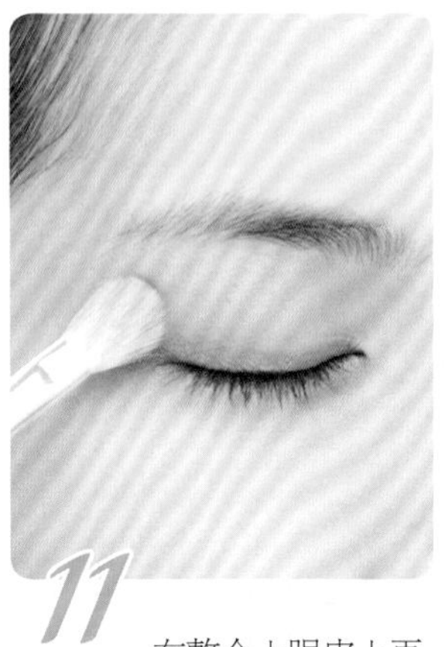

11 在整个上眼皮上再薄薄刷扫一层带细腻珠光裸色眼影，提亮眼影的光泽度。

12 用液体眼线将睫毛根部填满，从眼头向眼尾画一条细的内眼线。

13 用睫毛膏从睫毛根部开始Z字形抖动向上涂刷，可快速重复涂刷步骤。

14 将棕色假睫毛修剪成适合眼形的长度，涂上胶水后沿睫毛根部粘上。

15 蘸取带有珠光的白色眼影，在上眼皮眼头处均匀刷扫，同时向下眼头处带少量眼影。

16 用眉刷蘸取浅棕色的眉粉大致画出合适的眉形，眉头带过少量眉粉即可。

17 选择比发色稍浅的亮橘色染眉膏，从眉头向后刷眉毛，把眉毛原有的颜色覆盖住。

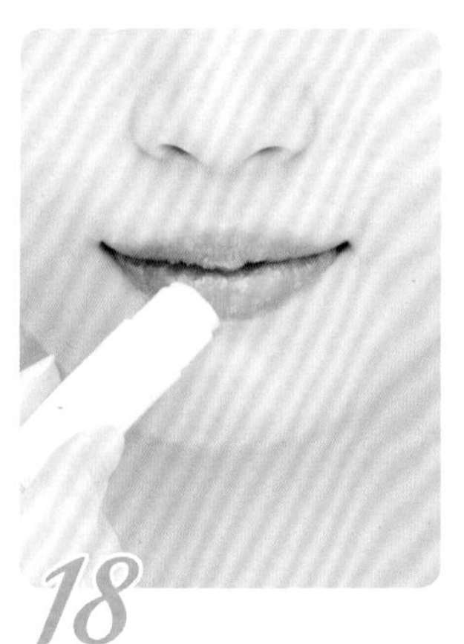

18 在嘴唇上均匀涂抹一层滋润型的透明唇膏，为后续的唇部上色打底。

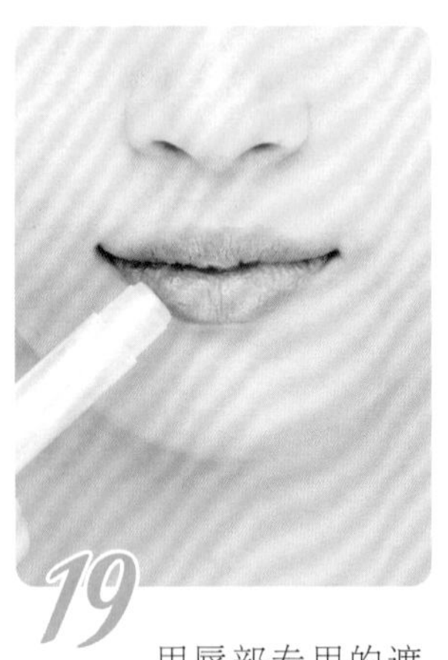

19 用唇部专用的遮瑕膏涂抹双唇，将原有的唇色覆盖能更好地让唇膏显色。

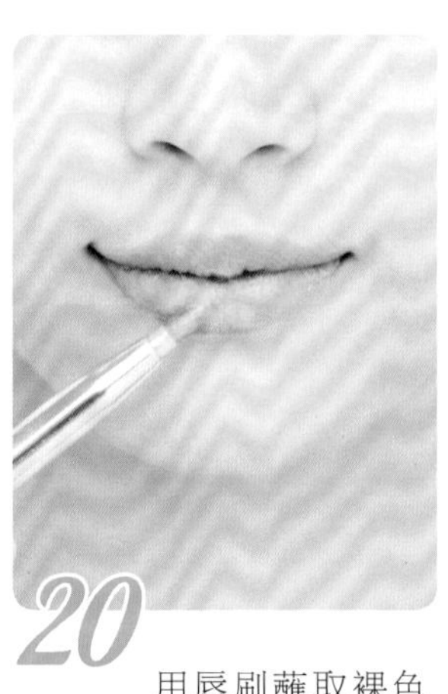

20 用唇刷蘸取裸色唇膏，细致勾勒出唇形后，将双唇均匀涂满唇膏。

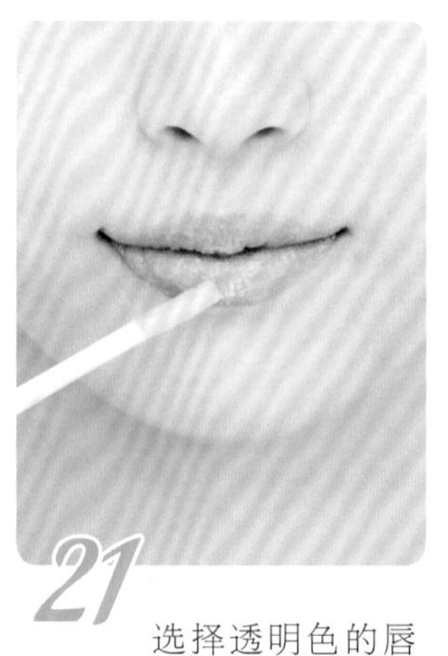

21 选择透明色的唇蜜，涂抹于嘴唇上，并将超出嘴唇边缘的唇膏擦拭干净。

22 蘸取少量定妆粉，从脸颊至额头、鼻子、下巴轻薄刷上一层，可稍微加强T区易出油部位。

23 保留刘海，每次抓取相同发量的一片头发，分批用卷发棒进行卷烫。

24 抓取头部右侧靠近刘海的一片头发，分为三份。

25 沿着头皮并向下倾斜将分好三份的头发编成三股辫。

26 一边编三股辫，一边在编辫的上方选取一股头发，并垂直加入到两股编发的中间。

27 在三股辫编发的过程中，不断抓取一股新的头发加入到编发中。

28 编至头部靠左的位置后，用黑色发夹固定好。

29 保留耳朵前的头发，把左耳后剩余的头发向上翻卷，集中成一束。

30 用黑色发圈将集中成束的头发在发根处固定好，置于胸前。

31 留几缕发丝，把耳前头发分为两股，将两股头发相互交叉扭拧成一股。

32 把扭拧成股的头发用黑色发夹固定在耳郭后方。

33 两鬓散落的发丝用卷发棒稍加烫卷，卷曲程度大小尽量一致。

34 将刘海梳顺，用卷发棒进行向上外卷烫。

纯净绿色打造清新森系妆发

清新盎然的浅绿色为主题的眼影，搭配银白色眼影，更显清纯。置身在一片翠绿的季节中，柔嫩又带有初春的活力感让新娘尽情享受这一份怡然。

清新侧面

欧式田园编发的纹理繁而不乱，头纱侧面强调出新娘的侧脸轮廓，充满格调与品味。

清新背面

在头纱的顶端插上植物，让新娘看起来清新优雅。

1 选择有细腻珠光的妆前乳，均匀涂抹在脸颊、额前和下巴。

2 用扁平的粉底刷将白皙色的粉底液均匀刷在脸上。

3 选择小号化妆刷蘸取修容粉，在眼窝和鼻翼两侧刷出阴影。

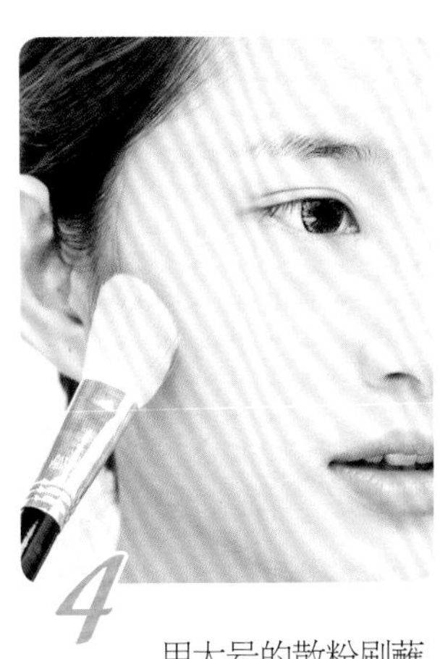

4 用大号的散粉刷蘸取散粉，对脸颊、鼻翼和额头易出油部位进行定妆。

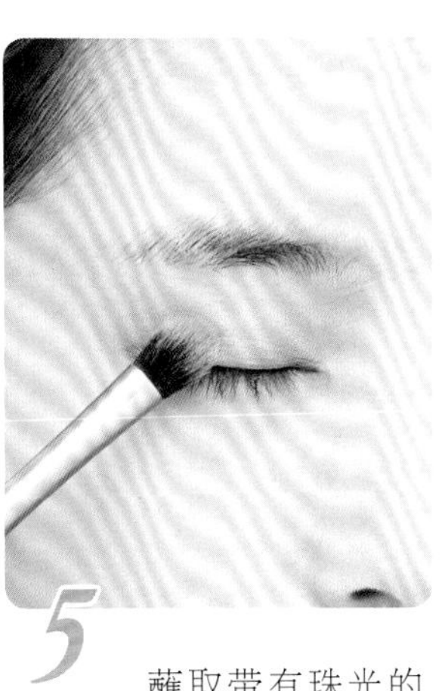

5 蘸取带有珠光的浅绿色眼影横扫眼皮，强调眼周。

6 用小号眼影刷，蘸取绿色眼影，从眼尾向前轻刷，强调眼尾。

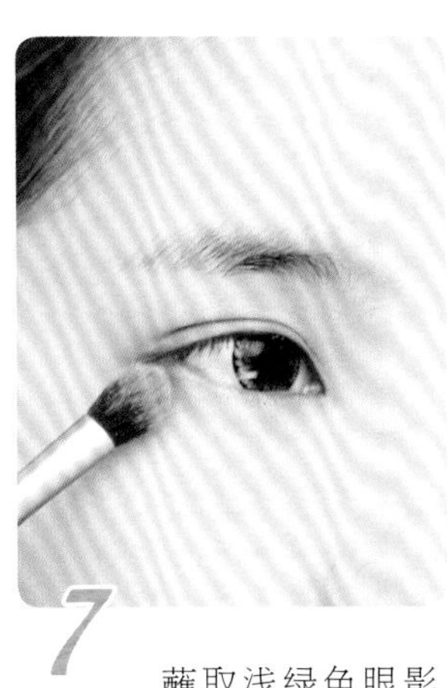

7 蘸取浅绿色眼影在下眼皮后1/3处做小面积晕染，连接上眼影。

8 选择黑色眼线笔，紧贴睫毛根部,画基础眼线。

9 用小号眼影刷蘸取珊瑚色眼影，在上眼皮前1/3处做小面积晕染。

10 用睫毛膏的刷子轻刷睫毛，加强眼尾睫毛纤长度。

11 在假睫毛根部涂上胶水，借助镊子将其粘在真睫毛根部。

12 用小号眼影刷蘸取深色眼影，填补真假睫毛间的空隙。

13 用小号眼影刷在下眼线后1/3处做小面积晕染，加深眼尾。

14 用螺旋刷向上梳理眉毛，整理眉毛方向，让后续眉粉上色更方便。

15 用眉粉刷蘸少量眉粉均匀地涂在眉毛上。

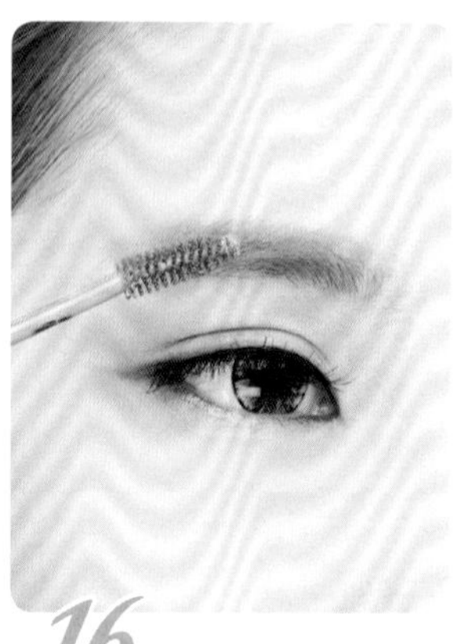

16 用棕色染眉膏降浅眉色，使眉毛呈现出柔和的棕色。

17 用散粉刷扫上定妆粉巩固妆容，让妆面更自然、服帖。

18 用腮红刷在苹果肌处，采用打圈圈的手法刷扫上浅红色腮红。

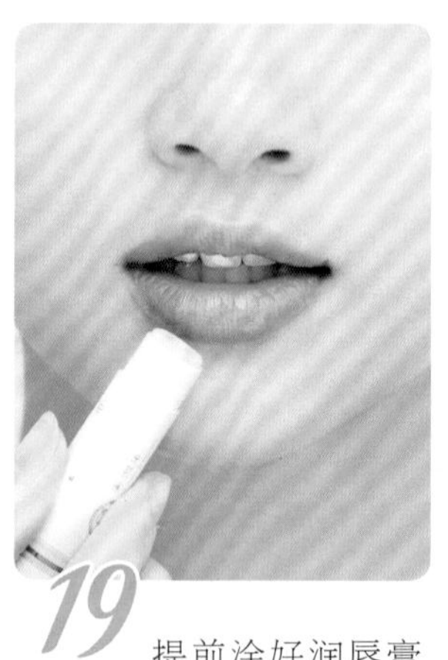

19 提前涂好润唇膏可以防止嘴唇干裂，让后续的唇彩效果更好。

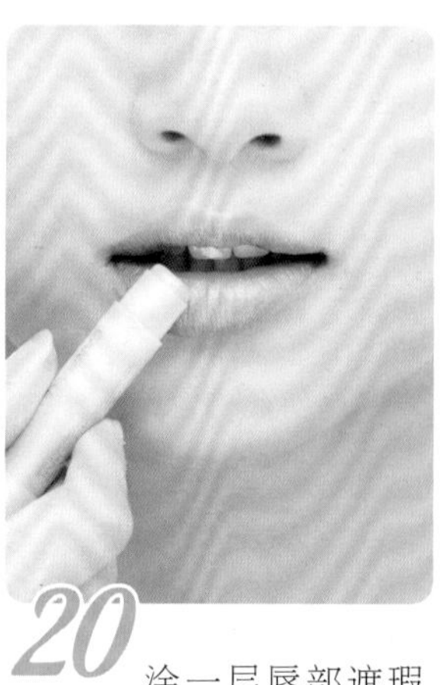

20 涂一层唇部遮瑕膏，让后续唇膏的颜色更持久、显色。

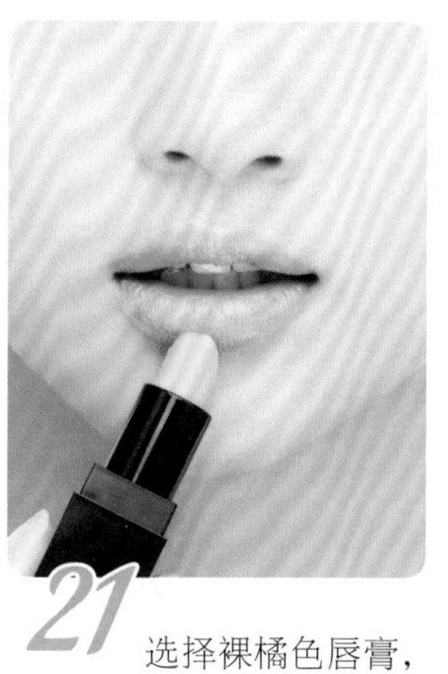

21 选择裸橘色唇膏，均匀地将双唇涂满，注意嘴角位置不要遗漏。

22 用大号化妆刷扫去面部多余的蜜粉。

23 从一侧开始，将全部头发烫出有规则的外扣卷发。

24 从头顶最上层分出一股头发，并梳理通顺。

25 将头发拧转成一股，用一字夹将其固定在脑后。

26 从头顶右侧分出少量头发，分成三股，用一边取发一边编发的方法进行编发。

27 将编好的头发轻轻拉松，营造蓬松感。

28 辫子被拉松后，用一字夹将发尾横向固定在脑后左侧。

29 用同样方法将左侧的头发编好，注意不要编得过紧。

30 辫子固定前用手将其拉松，随意自然即可。

31 将打理好的辫子向右拉过来，并用一字夹固定。

32 中间剩余的头发分成两股，按顺时针方向缠绕拧转。

33 将拧转好的头发用一字夹从多个方向固定。

34 将散落在两鬓的几缕发丝用卷发棒烫卷至发根。

强调纯真气质森系妆发

纯真从来都不是浓妆艳抹。通过橙色眼影简单的眼妆也能有明眸有神的效果，橘粉色的唇彩打造水嫩感觉，适合搭配轻纱飘逸的婚纱礼服，演绎纯洁真挚。

纯真侧面

半扎的头发搭配本身有型的花材，能保证头发不散落。

纯真背面

中长发虽然体现不出繁复的造型特点，但简洁的发型反而有年轻的效果。

1 在面部轻轻点上隔离乳，由内向外推开，用手操作让隔离乳与肌肤更贴合。

2 用扁平的粉底刷将贴合肤色的粉底刷均匀刷在脸上，起到均匀肤色作用。

3 用桃色的高光棒擦拭于额头、鼻梁、颧骨等位置，打造立体妆容效果。

4 在眼皮、嘴角、鼻翼周围等较暗沉的肌肤或有瑕疵的地方轻涂少量遮瑕膏，用刷子推开。

5 用毛质蓬松的腮红刷，在笑肌处向上轻扫橙红色的腮红膏。

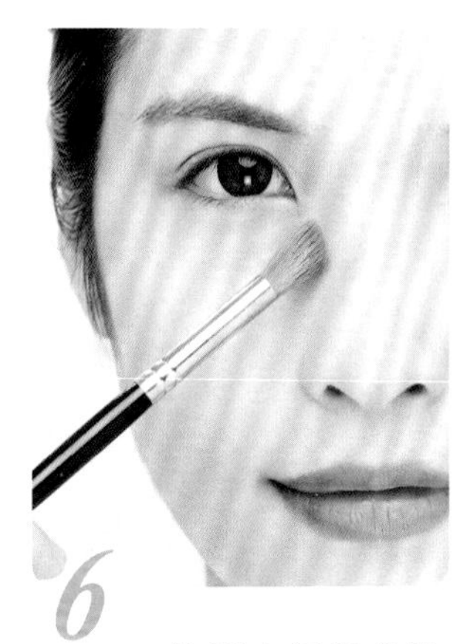

6 使用小号斜角修容刷，蘸取修容粉，由眉头开始沿着鼻翼向下轻扫，打造挺立鼻梁。

7 用修容刷蘸取修容粉后，在发际线、脸颊和颧骨下方修容，打造精致V形脸。

8 用大号眼影刷将浅橙色眼影在眼皮上大面积涂刷，为眼部打底。

9 蘸取橙色眼影在上眼皮后1/3眼尾处涂刷，形成自然晕染渐变效果。

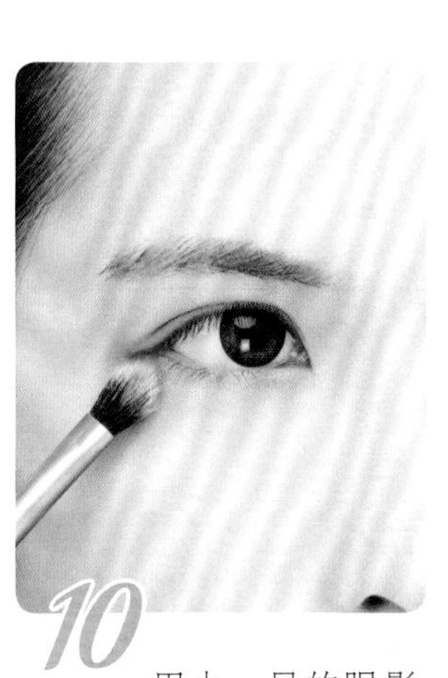

10 用小一号的眼影刷蘸取橙色眼影，从眼尾向眼角的方向在下眼尾的三角区刷扫。

11 在整个上眼皮大面积刷扫带珠光的浅粉色眼影，让眼妆更闪耀动人。

12 沿着睫毛根部由眼头向眼尾画上眼线，眼尾部分无需过于拉长。

13 夹翘睫毛后，将睫毛刷与眼睛平行，由睫毛根部开始 Z 字形涂刷睫毛膏。

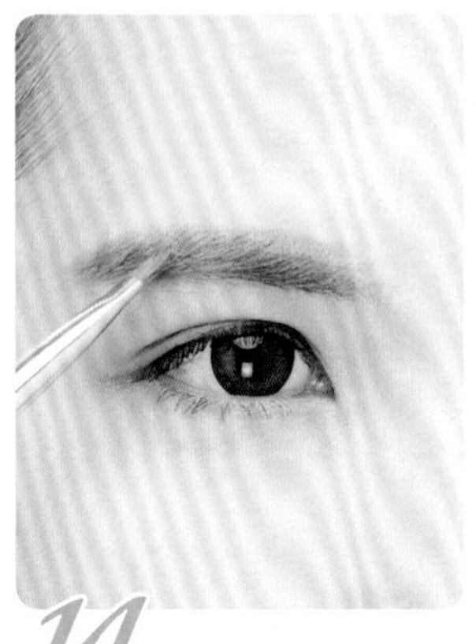

14 用扁平的眉刷蘸取浅棕色的眉粉，沿眉形将眉毛的形状大致扫刷出来。

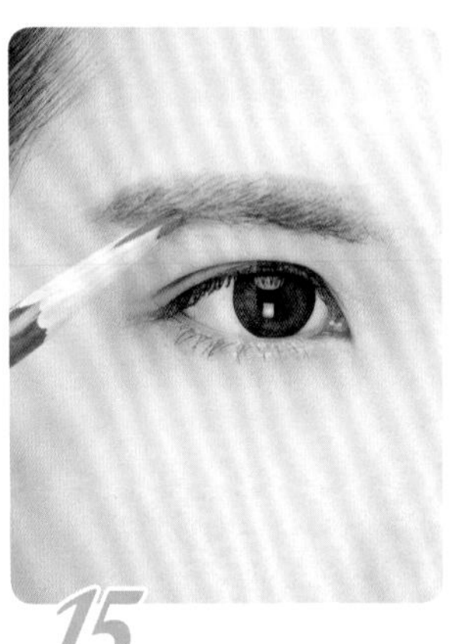

15 用与眉粉颜色相近的眉笔将眉毛细节完善，并拉出自然的眉尾形状。

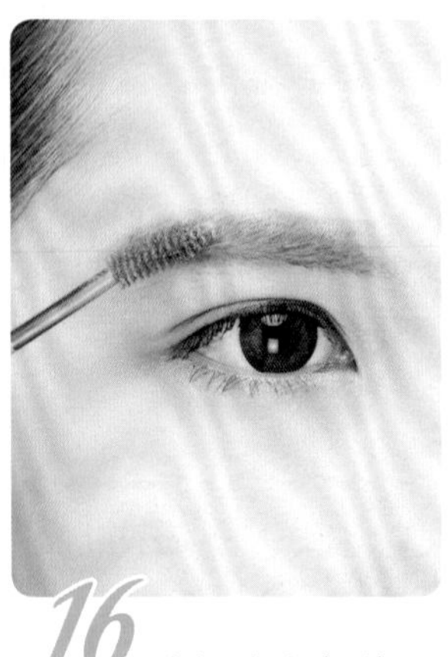

16 选择比发色稍浅的亮棕色染眉膏，从眉头开始将整条眉毛的颜色晕染自然。

17 在笑肌最高处的下方绕过最高点到外眼眶下刷涂橙色腮红粉 U 字形腮红画法可增添立体效果。

18 换用干净的腮红刷，将画好的腮红轻扫晕染，边缘部分要晕染得更自然柔和。

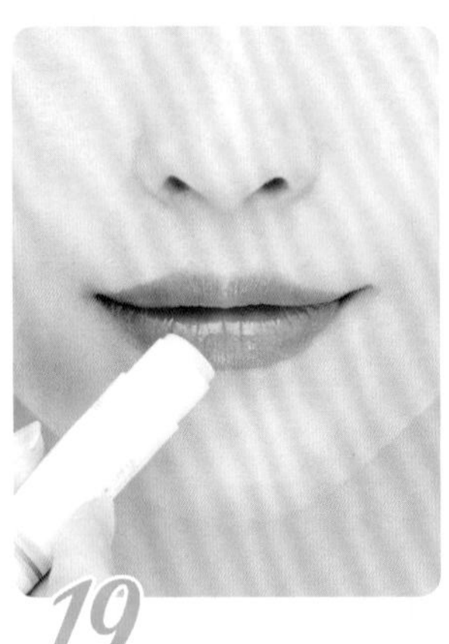

19 为双唇均匀涂上一层滋润型的透明唇膏，为唇膏上色做好打底工作。

20 涂上一层唇部遮瑕膏，将原有的唇色覆盖完全以便更好地上色。

21 用唇刷蘸取亮橙色唇膏刷于双唇，也可利用唇刷优势画出喜欢的唇形。

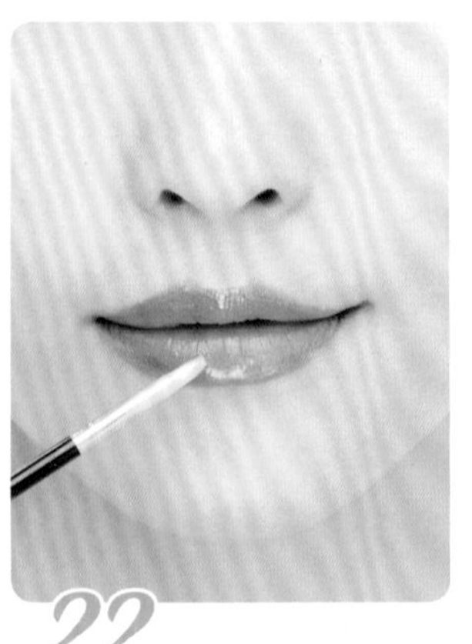

22 把透明色的唇彩均匀涂抹在嘴唇上，打造水润嘟唇。

23 从一侧开始，将全部头发用卷发棒烫卷。

24 用打毛梳将头顶的头发从发尾向发根方向打毛。

25 从头顶右侧选取一片头发，将其编三股辫，并在靠右位置抓取头发加股编辫。

26 将加股辫轻拉松散，呈现自然感觉。

27 同前两步的方法，左侧也编一条相同的加股辫。

28 在保持辫子形状前提下，用手将其轻拉松散。

29 把左右两条编好的辫子斜向下拉至脑后中间位置集中，并固定好。

30 在左右两边沿着辫子下方分别拉取两片头发至脑后，将两片头发交叉旋转。

31 将交叉旋转的头发整理好，用黑色发夹固定好。

32 将额前刘海垂直向下梳顺，用卷发棒向内卷烫。

33 在两鬓选取几缕头发，分别用卷发棒卷烫。

34 为避免发型看起来有细碎和毛躁的感觉，可涂抹一些发蜡定型。

Chapter 5

中式新娘化妆发型实例

中式新娘造型无论作为出门妆或是敬酒妆都仪式感十足。新娘红妆着重用自然红润的妆色来点亮娇俏容颜，暖色调妆容更适合传统新娘装束，让唇色、眼影颜色与服装颜色更协调。

百变编发打造华丽中式新娘发型

拧转的方向和拧转的位置稍微不同，就能做出不一样感觉的造型。新娘可以利用编发让自己的造型华丽升级。

百变编发新娘发型

繁复的编发看似复杂，分解步骤却很简单，新手也能轻松完成。

百变编发新娘发型

背面同样别具风采，立体的编发让新娘增添不少韵味。

1 将刘海一九偏分，从刘海一侧抽取一束头发，拧转成一个圈并用发夹固定。

2 从刘海中抽取第二束头发，拧转成一个圈，可用手指按压，并用发夹固定。

3 从同一侧抽取第三束头发，用手指勾住接近发根的发束，剩余部分绕圈，发尾收短用发夹固定。

4 从刘海后侧方抽取一束头发，编成麻花三股辫，编至发尾用橡皮筋绑好。

5 提起步骤 4 编好的辫子，选取在耳朵上方的位置绕成一个圈，发尾用发夹固定好。

6 脑后剩下的头发编麻花三股辫，直至发尾，用橡皮筋绑住末端。

7 将步骤 7 编好的辫子从有盘发的侧面绕到头顶集中盘发的位置，用发夹固定辫子发尾。

侧披发打造个性另类中式新娘发型

如果新娘厌倦千篇一律的盘发，想要展现自己的个性，那么可以尝试一下侧披发的造型，展现女王气场。

侧披发新娘发型

蕾丝发饰是热门新娘头饰单品，散发着浪漫气息，又为发型增添个性。

侧披发新娘发型

编辫既能将长短不一的碎发收拾利落，又可以增添细节感。

1 将头发一九偏分，用梳子蘸取适量发泥将刘海梳出向上的弧度。

2 从另一侧抽取一束头发，贴着头皮编三股蜈蚣辫。

3 蜈蚣辫编至大概距发尾10 厘米处，用橡皮筋固定。

4 从头顶抽取同样发量的发束，再编一条蜈蚣辫。

5 分别将三条辫子绕到另一侧，用发夹将辫子固定在披散的头发中。

6 可以将剩余的头发做成向内曲卷，喷上定型喷雾。

7 选择蕾丝发饰，用发夹固定在有辫子的一侧。

乖巧侧盘发打造减龄中式新娘发型

年轻的新娘可以尝试减龄系的乖巧侧盘发。

侧盘发新娘发型

侧盘发具有田园气息，还可以戴上闪亮的发饰，为造型增添亮点。

侧盘发新娘发型

拧转的发束和编辫盘发看起来十分唯美。

1 将头发分成上下两部分，下半部分用橡皮筋绑成一束马尾。

2 将马尾平均分成两束。再将其中一束一分为二，拧转这两股发束。

3 一手提着拧转后的发束的前部，另一手拉着发束的发尾，扭成横着的“8”字形，收好发尾用发夹固定。

4 另一股发束也拧转成麻花辫，贴着第一个发髻拧转成横着的“8”字形，并用发夹固定。

5 取上半部右边的一束头发绕至脑后，逆时针绕发髻一圈，并将发束卡在发髻间。

6 将上半部左边的头发向发根倒梳，刮蓬发片后一分为二，拧转这两束发束。

7 左右两股头发交叉后分别从两侧环绕发髻，最后发尾收进发髻。

弧线刘海打造现代气质中式新娘发型

流线型的刘海简约时尚，体现了现代女性的独立干练，搭配盘发更显得利落。这款简约的盘发是提升气质的不二选择。

弧线刘海新娘发型

佩戴精美发饰能为造型增色不少，弧线形刘海能很好地修饰脸型轮廓。

弧线刘海新娘发型

饱满的盘发让纤细的脖颈露出，女人味十足，体现端庄婉约的气质。

1 将头发一九偏分，梳出流线型刘海。从较多一侧头发中抽取一束头发，向发尾拧转，并用发夹固定在脑后。

2 将拧转的发束从发尾慢慢向上曲卷，卷成一个圆筒，直到头发根部，再用发夹左右固定。

3 从较少的另一侧头发中抽取一小束头发，拧转绕到发量较多的一侧，用发夹固定在偏右位置。

4 在同一侧再抽取一小束头发，拧转绕到较多发量的一侧，固定在上一束头发的上方。

5 将剩余的头发拧转绕到另一侧，用发夹固定在已固定两束头发的最上方。

6 用剩下的头发编三股辫，编至末端向内卷起，卷至发根处用发夹固定。

7 选择一款精美的发箍，戴在头顶，完美盘发完成了。

饱满盘发打造完美中式新娘发型

打造这样的盘发可以加强五官轮廓，整个人看起来会精神饱满。

饱满盘发新娘发型

刘海梳光但仍保持微微隆起的效果，可以拉长脸型比例，让五官更明朗。

饱满盘发新娘发型

前后碎发被收拾得干干净净，给人利落干练的印象。

1 刘海向后梳，取中间的一束头发，拧转向上拱起，用发夹固定。

2 将剩下的头发扎成一束马尾，马尾位置大概在脑后正中央。

3 将马尾分成4~5束，用小号卷发棒分束向后卷烫刘海，让头发做造型更容易。

4 将拧转的发束从发尾向上卷起，直至马尾根部，卷成卷筒，用发夹从两侧固定。

5 第二束头发用相同方法卷成卷筒，用发夹从两侧固定。

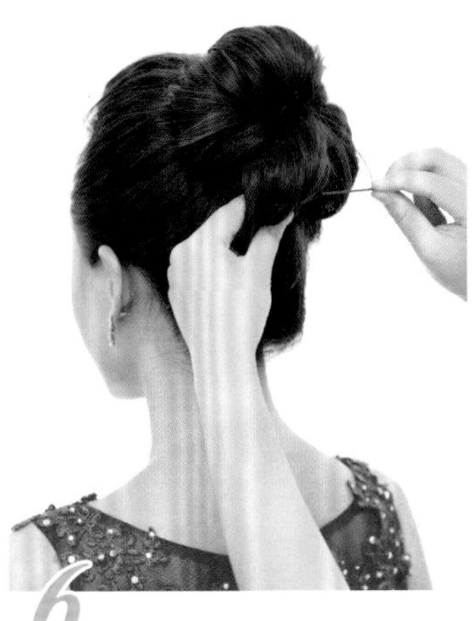

6 将剩下的头发编成三股辫。编至末端向内卷起，卷至发根，用发夹固定。

7 DIY一条红色缎带，从头顶向两侧垂放，在左右两侧分别用发夹固定。

用发饰配件打造奢华美感中式新娘发型

发饰是新娘盘发必不可少的单品，少了发饰的装点整体造型就会缺失美感。繁复发型加发饰点缀使华丽感骤增。

奢华美感新娘发型

侧绑发端庄婉约，华丽的配饰装点更凸显高贵优雅。

奢华美感新娘发型

拧转发束为背后风光增添情趣，将脑后修饰得圆润饱满。

1 从头发两侧分别抽取相同发量的发束，左侧沿发根向内卷烫，增加空气感。

2 右侧的头发也用同样的方式卷烫。将全部头发的中上部分束卷烫。

3 从右侧抽取如图所示发量的发束，时针拧紧。

4 继续抽取第二束和第三束头发，将靠前相邻的两束头发相互交叉拧转，用发夹固定。

5 继续选取两束头发，分别旋转成股，再将两股头发相互交叉拧转、固定。

6 不断将两两发股相互交叉拧转，固定在发根处，使发尾部分自然垂落即可。

7 剩下的头发拧转成发束绕到右侧，固定在稍微偏上处，在发束中依次插入发饰。

用低发髻增添柔情的中式新娘妆发

不同于凤冠霞帔带来的华丽，小巧的发饰强调的是精致感，更适合温婉气质的新娘。侧分刘海与圆形发髻将温柔之意渲染得更浓重，暖色调的妆容与服装和发饰和谐映衬。

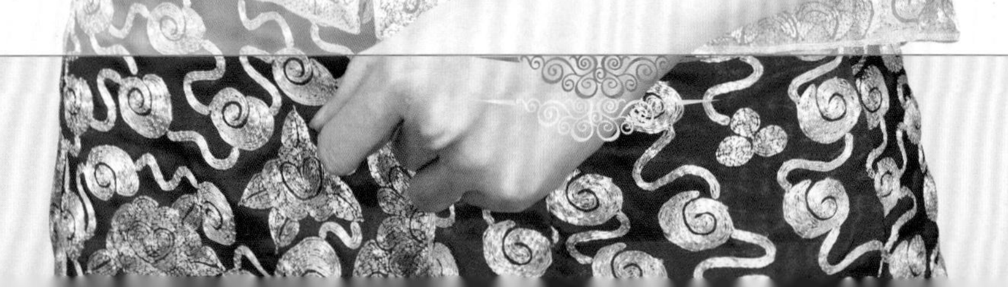

1 用扁头粉底刷将自然色粉底由鼻翼两侧往外刷扫，直至将整张脸的肤色均匀一致。

2 用遮瑕刷蘸取少量遮瑕膏，点擦黑眼圈、痘印、嘴角以及其他瑕疵的部位。

3 用蓬松大号散粉刷蘸取散粉，轻甩后再用画圈的方法在整张脸上轻扫。

4 用灰棕色眉笔轻轻描画眉形，无需过分强调眉峰，画出自然平直的眉形即可。

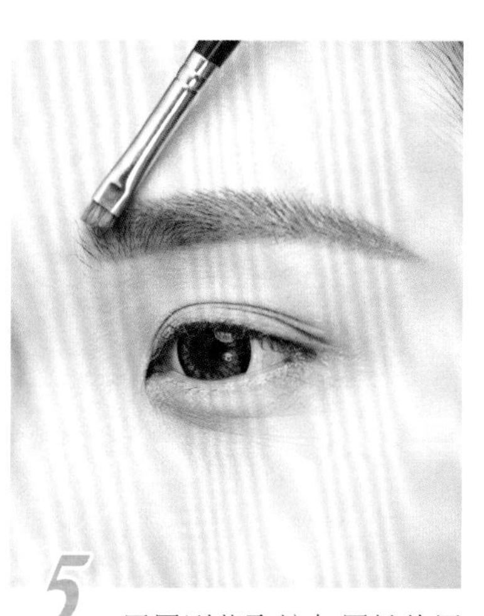

5 用眉刷蘸取棕色眉粉将眉毛晕染均匀，眉头部分采用旋转的方法轻轻带过。

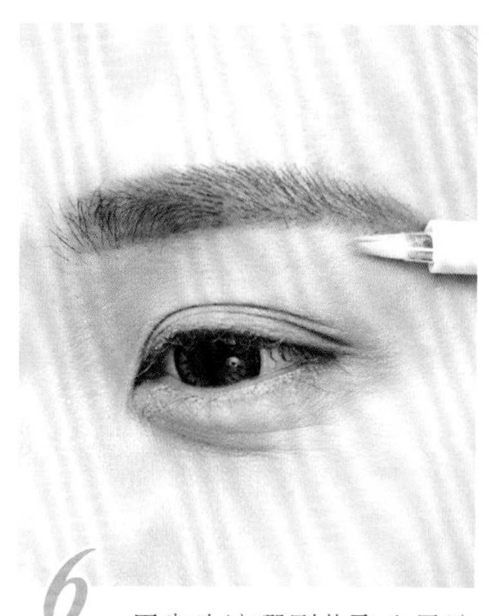

6 用尖头遮瑕刷蘸取少量遮瑕膏，沿着眉毛边缘点刷，让眉妆更干净、清晰。

7 蘸取珠光浅粉色眼影在上眼皮大面积刷扫，来回刷扫让眼影均匀。

8 蘸取珠光亮橙色扫刷整个上眼皮，与浅粉色眼影自然融合。

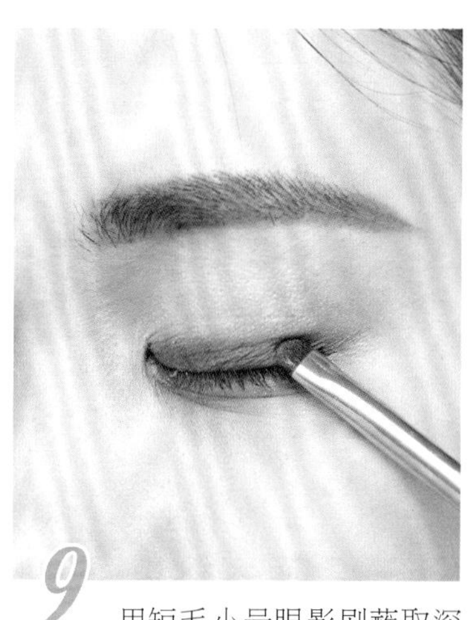

9 用短毛小号眼影刷蘸取深棕色眼影，沿睫毛根部双眼皮褶皱处晕刷。

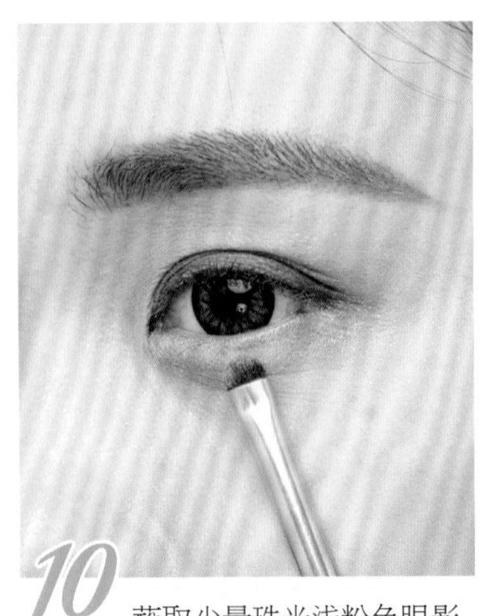

10 蘸取少量珠光浅粉色眼影，从下眼尾向眼头轻刷一层。

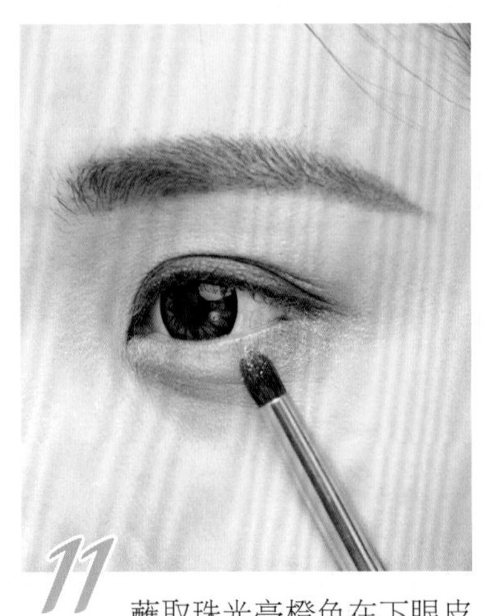

11 蘸取珠光亮橙色在下眼皮后1/3眼尾处晕染，让颜色自然过渡。

12 用眼线笔沿着睫毛根部，从眼头向眼尾画上流畅的眼线。

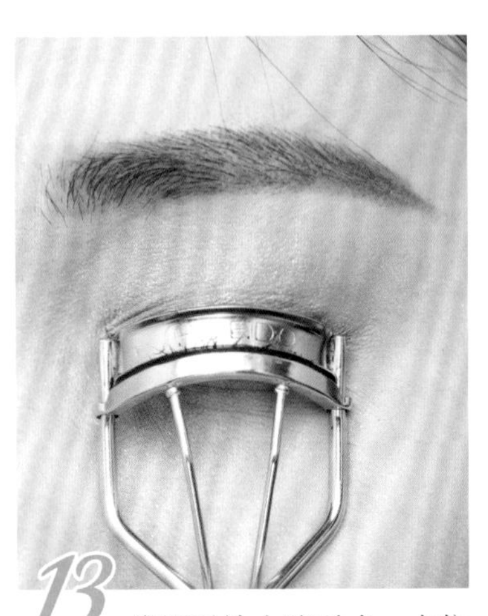

13 将睫毛放入睫毛夹，夹住稍微向上抬，将睫毛夹翘。

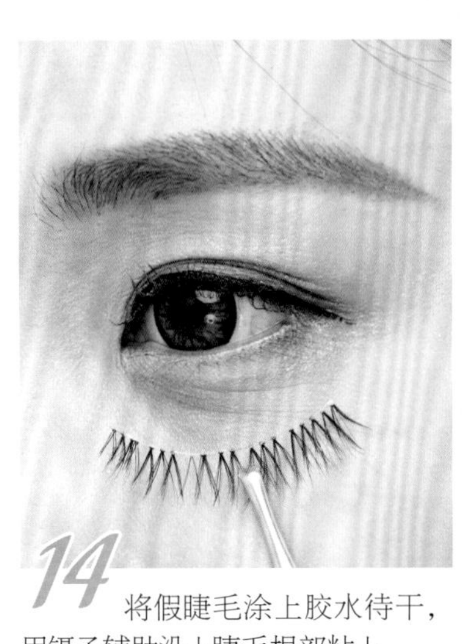

14 将假睫毛涂上胶水待干，用镊子辅助沿上睫毛根部粘上。

15 用眼线液笔顺着画好的眼线向后拉长，让眼尾自然上挑。

16 用睫毛膏Z字形抖动将真假睫毛刷在一起，让睫毛更自然。

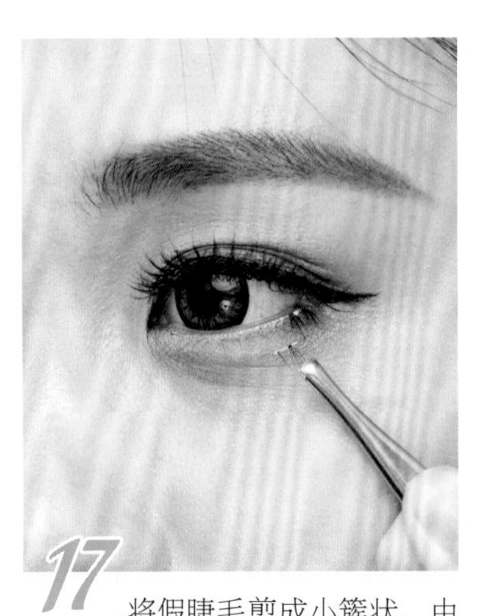

17 将假睫毛剪成小簇状，由眼尾沿下睫毛根部粘至眼头。

18 用斜角修容刷蘸取修容粉，在眉头凹陷处轻轻晕染。

19 用修容刷顺着鼻翼两侧垂直向下刷扫，打造立体鼻梁。

20 蘸取高光粉刷扫额头中间、下巴、苹果肌及鼻梁等部位起提亮作用。

21 用腮红刷蘸取橘粉色腮红斜上方刷扫。

22 用斜角修容刷蘸取修容粉，在腮帮处沿着脸部轮廓来回刷扫，制造小脸效果。

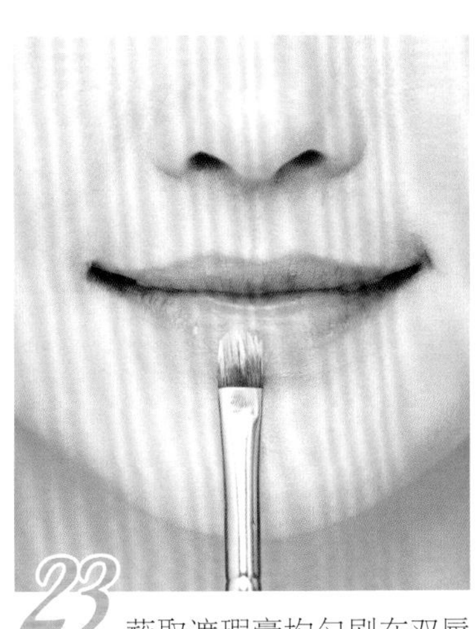

23 蘸取遮瑕膏均匀刷在双唇上，遮盖原有的唇色。

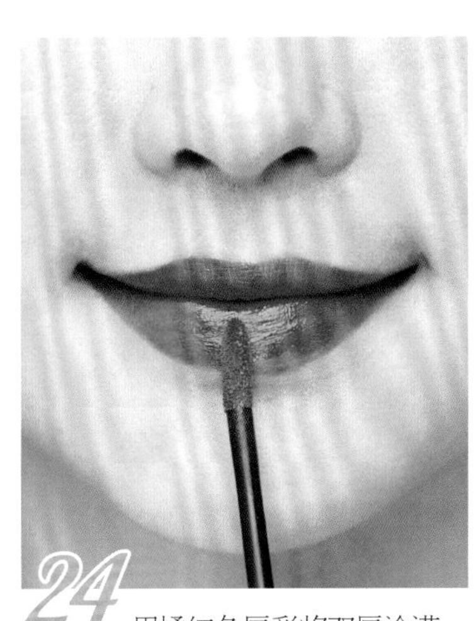

24 用橘红色唇彩将双唇涂满，嘴角处也要仔细涂刷，打造饱满双唇。

Before

After

橘红色腮红与唇妆搭配，既喜庆又不失元气。配棕色眼妆不会显得厚重。整体妆容偏暖色，与红、黄为主色的龙凤褂相得益彰。

侧分的刘海微微遮挡前额，起到修饰脸型的作用。前额发丝整齐平贴，与小巧的耳环搭配，流露出含蓄的感觉。

Side

花瓣型长形侧发梳装饰放在头部侧面，让简约发型不简单。

Back

圆形低发髻让整个发型具有饱满的感觉，沿着发髻边缘随意点缀上小型发叉，让整体发型更显精致。

25 将头发梳理平顺，三七偏分刘海。

26 在脑后头顶中间选取一片头发，梳理通顺。

27 已取的头发一分为二，剩下的头发用发圈扎成一束。

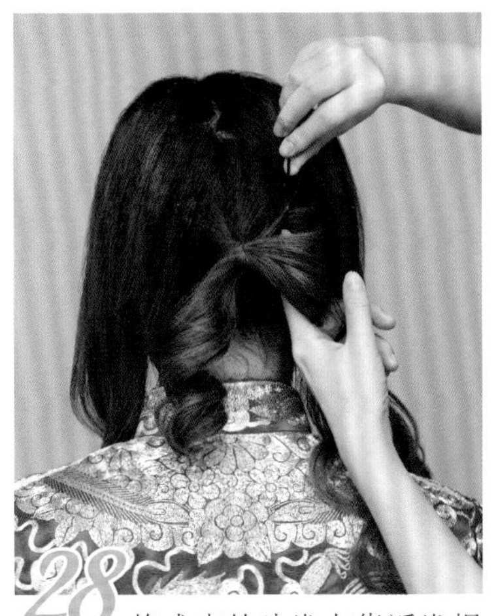

28 将成束的头发在靠近发根处扎成一个圈，保留剩余发尾。

29 将剩余的发尾向上卷起，与上一步做成的圈状头发组成“蝴蝶结”。

30 从头部右侧分好的头发中选取一束头发逆时针方向扭转成股。

31 将扭成股的头发沿着“蝴蝶结”中间进行缠绕。

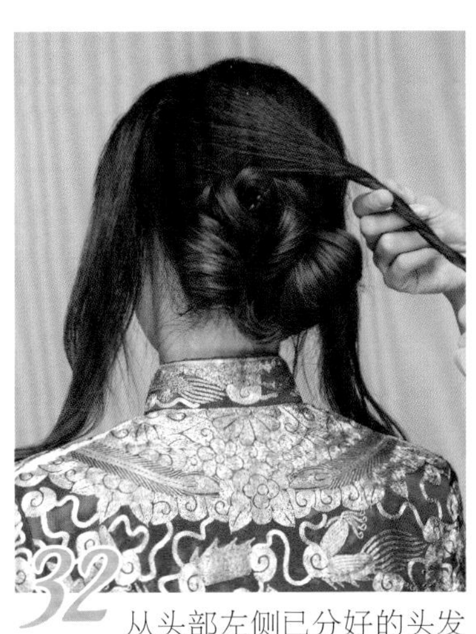

32 从头部左侧已分好的头发中选取一束头发，扭转成股并向右拉。

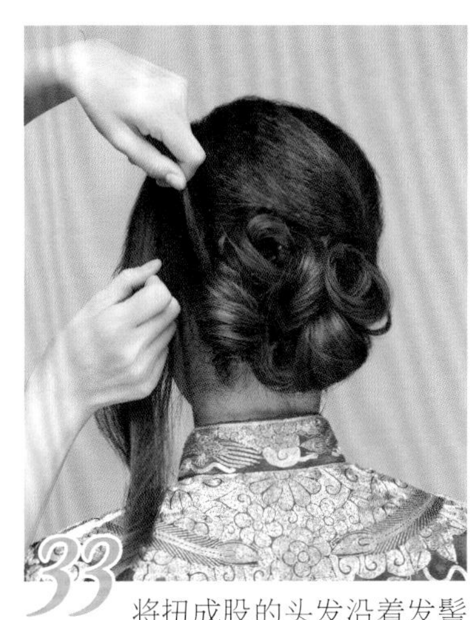

33 将扭成股的头发沿着发髻外层进行缠绕，用发夹固定发尾。

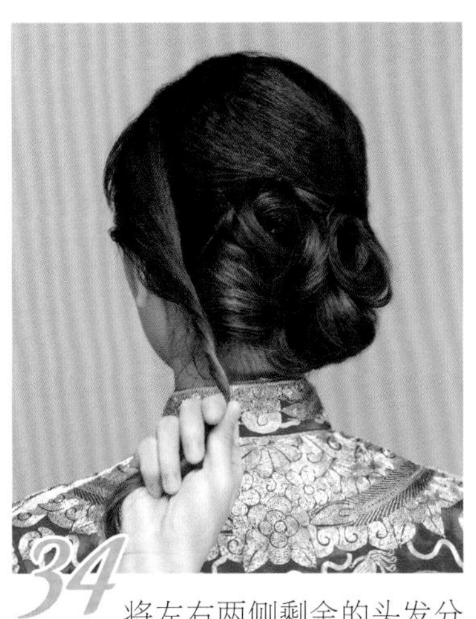

34 将左右两侧剩余的头发分别扭转成股，沿发髻缠绕成圈并固定好。

35 在发髻的上层边缘点缀上几支发钏。

36 将侧边发梳装饰在耳后头发上，倾斜插上更具美感。

运用流苏创造灵动感的中式新娘妆发

经典的流苏单品极具线条感，充分发散中式民族风情，水波状的刘海演绎复古风。搭配些许水波链等有垂直线条的发簪，配合纯净柔和妆容轻松打造灵动古典韵味。

1 用扁头粉底刷将自然色粉底由鼻翼两侧向外刷扫，直至将整张脸的肤色均匀一致。

2 用遮瑕刷蘸取少量遮瑕膏多次点擦黑眼圈、痘印、嘴角以及其他有瑕疵的部位。

3 用蓬松的大号散粉刷蘸取少量散粉，用打圈式的方法轻扫整张脸。

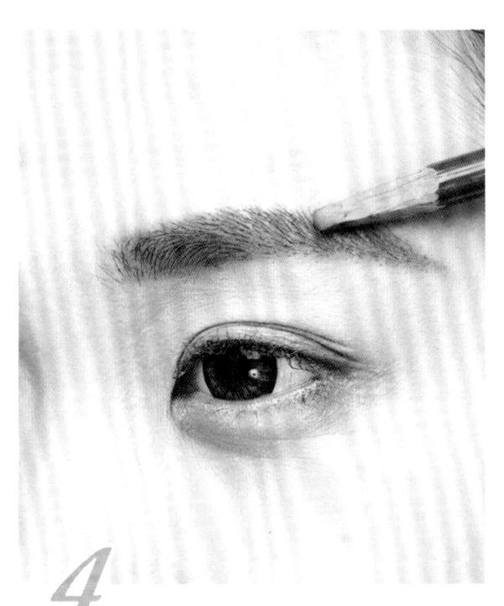

4 用浅棕色眉笔轻轻描画眉形，画出柔和自然的弯眉。

5 蘸取珠光白色眼影在上眼皮大面积均匀刷扫薄薄一层。

6 蘸取少量金棕色眼影均匀铺扫在上眼皮，与白色眼影自然融合。

7 用中号眼影刷蘸取深棕色眼影，从眼头在双眼皮褶皱处向眼尾轻扫。

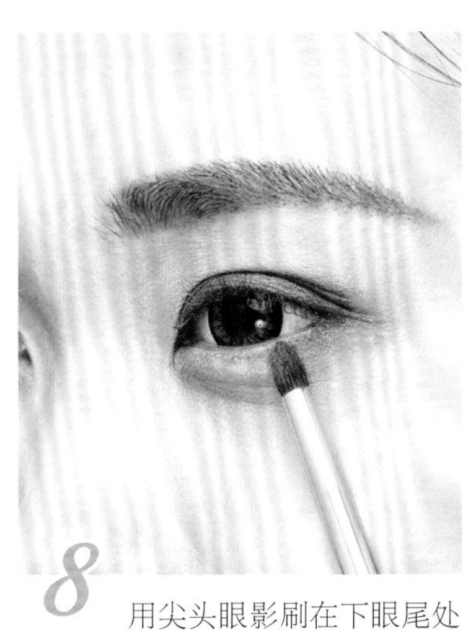

8 用尖头眼影刷在下眼尾处晕染一层。

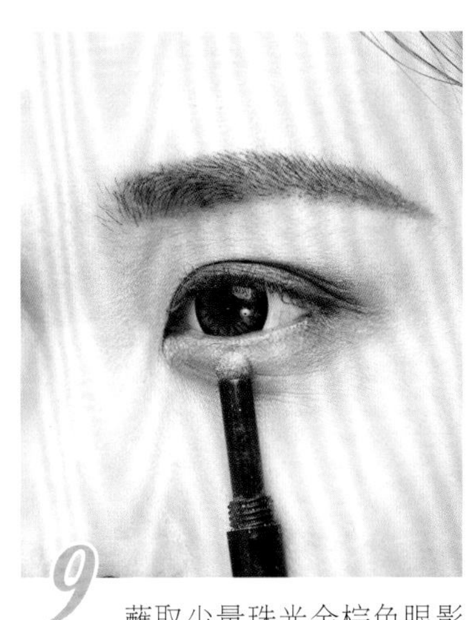

9 蘸取少量珠光金棕色眼影轻扫整个下眼皮，提亮眼妆。

10 用眼线液笔沿上睫毛根部画眼线，拉长眼尾并自然上挑。

11 用睫毛膏将Z字抖动的向上涂刷睫毛，快速重复可加强睫毛浓密效果。

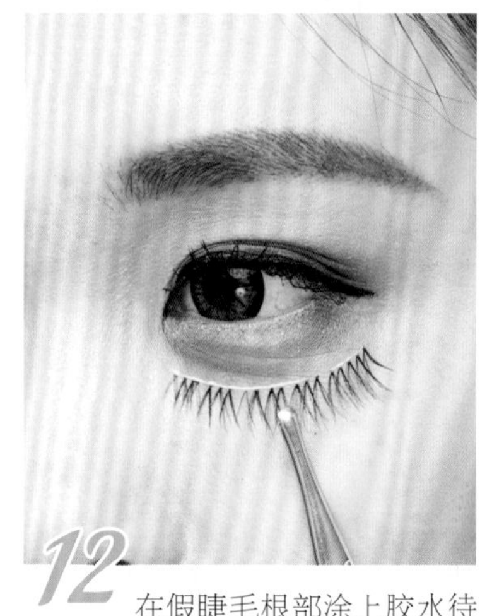

12 在假睫毛根部涂上胶水待干，用镊子辅助沿着上睫毛根部粘上。

13 用电动睫毛器将粘好的假睫毛烫翘，使其更自然。

14 将下假睫毛修剪成适合下眼皮的长度，用镊子辅助沿着下睫毛根部粘上。

15 用腮红刷蘸取裸粉色腮红，轻甩后从苹果肌向斜上方刷扫。

16 用修容刷从眉头凹陷处顺着鼻翼两侧垂直向下刷扫，打造立体鼻梁。

17 蘸取高光粉轻扫在鼻梁中间垂直，着色无需太厚重。

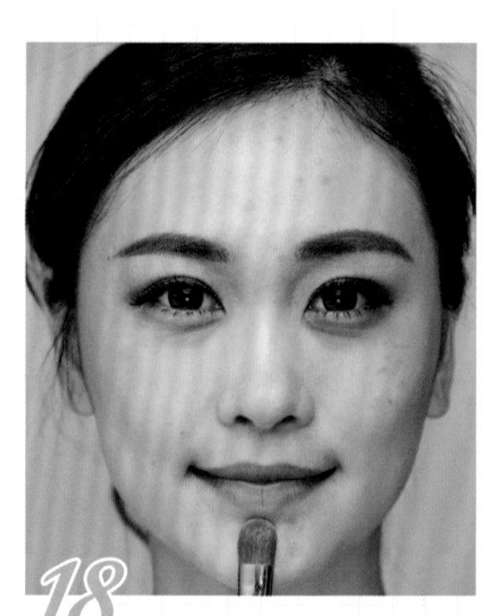

18 在下巴、额前、苹果肌等部位轻扫一层高光粉，打造立体妆容。

19 为使唇形更立体、清晰，蘸取少量遮瑕膏点擦在嘴巴边缘。

20 蘸取唇部专用遮瑕膏，均匀涂刷在双唇上。

21 用珊瑚橘色唇膏将双唇涂满，注意嘴角等边缘也需仔细涂抹。

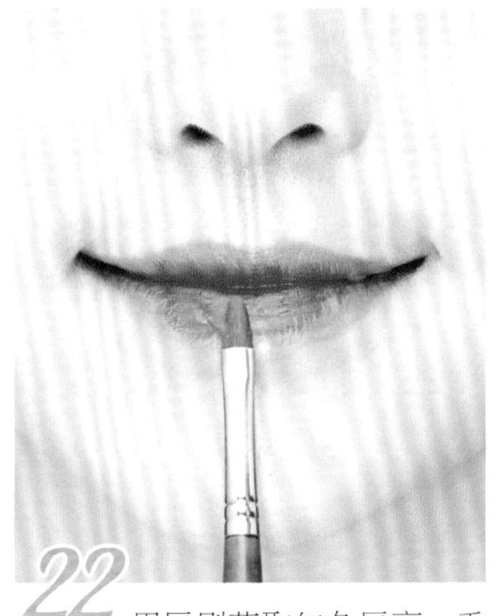

22 用唇刷蘸取红色唇膏，重点涂刷双唇中间的内侧位置。

23 用棉棒将嘴唇边缘的超出的唇膏轻轻晕开，使渐变效果更自然。

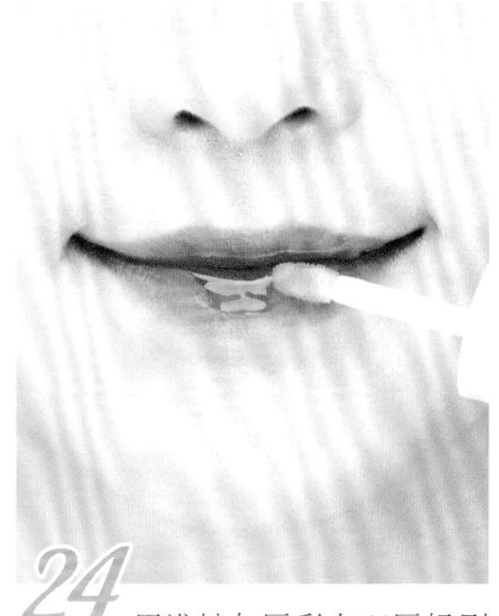

24 用浅粉色唇彩在双唇轻刷一层，更具水润效果。

中式妆容搭配方式，可用很多修容式腮红、自然平直眉、咬唇妆等“轻描淡写”方法来呈现东方新娘的温婉韵味。

水波线条的刘海有着强烈的复古风，与长线条的流苏耳饰完美搭配出民族风情，与头部后侧的步摇垂吊的水波链相呼应。

Side

随着新娘的动作，线条形耳饰与发饰摇曳着，带来灵动感，搭配低发髻显得端庄典雅。

Back

为呼应整体发饰，后梳发饰也有水晶水波链，线条灵动飘逸之美形成亮点。

25 取额前一束头发作侧边刘海，梳理平顺。

26 将刘海固定成水波的形状，用大型竖夹固定成型。

27 与固定好的刘海保持一定距离，喷上干胶定型。

28 用吹风机吹干刘海，加速定型。定型成功便将夹子取下。

29 分别保留头部两侧的头发，脑后的头发扎成一束马尾。

30 在马尾发尾的 1/2 处扎一个发圈，发圈之下编三股辫。

31 将马尾发束向上卷成一个发髻，发尾用发夹夹好。

32 将左侧留下的头发向后拉，用手指勾住形成弯曲的形状。

33 将右侧留下的头发用与上一步相同的方法缠绕成型，用发夹夹好。

34 将这缕头发的发尾拧转成弯曲状，类似“S”型。

35 为使发髻更加弯曲有型，可以用发夹辅助固定。

36 在发髻中间上方插入一支后梳发钗，在侧面插入步摇。

用头饰突出富贵气质的中式新娘妆发

中国婚礼以红色为主，讲究喜庆和富贵。水晶珠、花瓣、红珍珠、水波链组成的凤冠头饰华丽大气，配合中分盘发佩戴在头部中间位置，整体妆效干净却不失精致，突出眉眼的神韵，加强东方女性的古典美。

1 用扁头粉底刷将自然色的粉底由鼻翼两侧向外刷扫，直至将整张脸的肤色均匀一致。

2 蘸取少量遮瑕膏点擦黑眼圈、痘印、嘴角或其他有瑕疵的部位。

3 蘸取细腻粉质的高光粉来回刷扫额头中间、下巴处、苹果肌及鼻梁等部位，起提亮作用。

4 用蓬松的大号散粉刷蘸取散粉，轻甩后再采用画圈的手法在脸上轻扫。

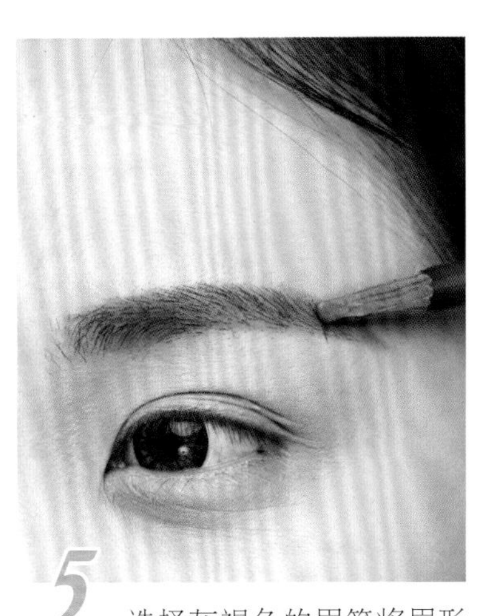

5 选择灰褐色的眉笔将眉形轻轻勾勒清晰，画出自然平滑的眉形即可。

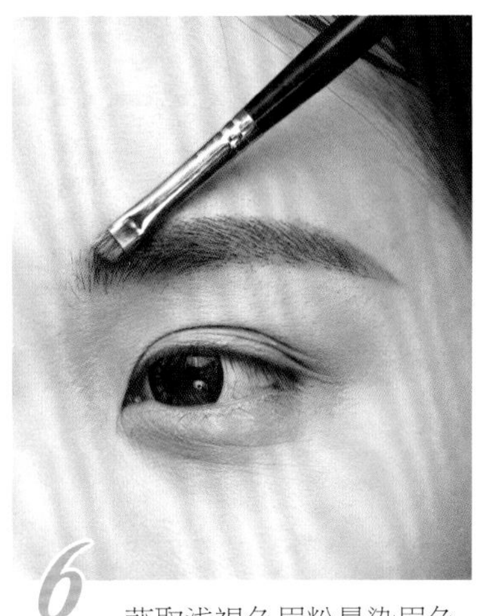

6 蘸取浅褐色眉粉晕染眉色，眉头处则轻轻带过。

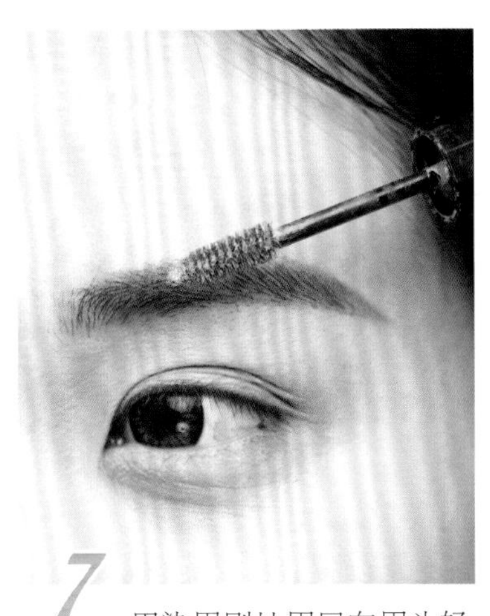

7 用染眉刷从眉尾向眉头轻刷，将原有的眉毛颜色覆盖。

8 用大号眼影刷蘸取带细腻珠光的白色眼影，在上眼皮大面积刷扫。

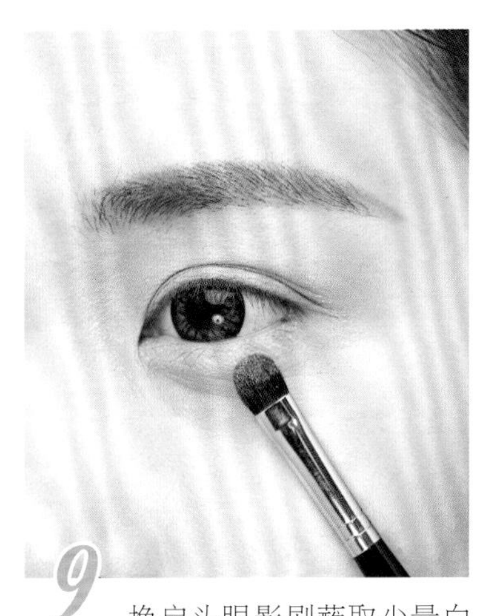

9 换扁头眼影刷蘸取少量白色眼影，在下眼皮轻刷，使眼妆更明亮。

10 蘸取浅金色眼影在上眼皮大面积刷扫，重复刷扫让着色均匀。

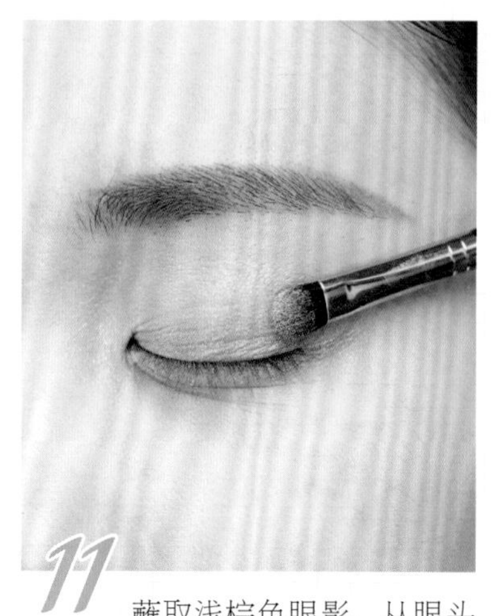

11 蘸取浅棕色眼影，从眼头刷在双眼皮褶处至眼尾刷扫。

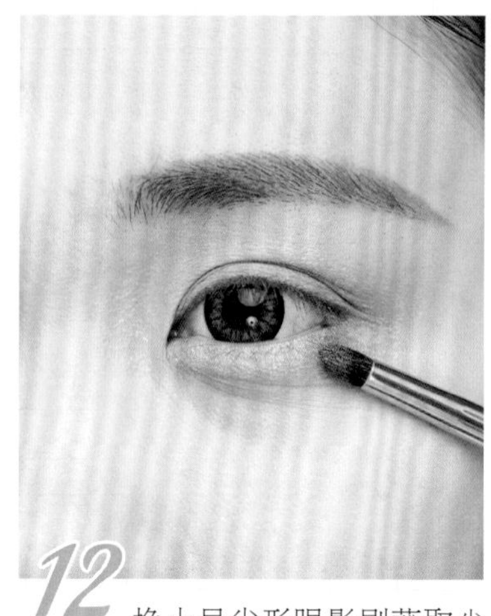

12 换小号尖形眼影刷蘸取少量浅棕色眼影，在下眼尾轻轻晕刷。

13 用眼线液笔沿着睫毛根画出平滑流畅的眼线，眼尾自然上挑。

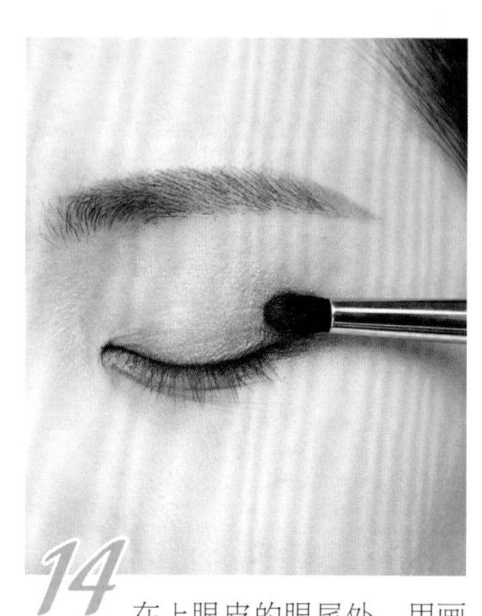

14 在上眼皮的眼尾处，用画圈的手法将亮棕色眼影晕染均匀。

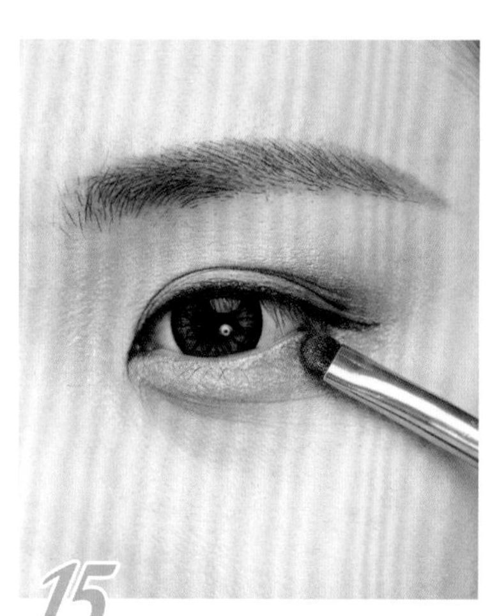

15 蘸取少量亮棕色眼影从下眼尾往眼角沿着睫毛根部刷扫。

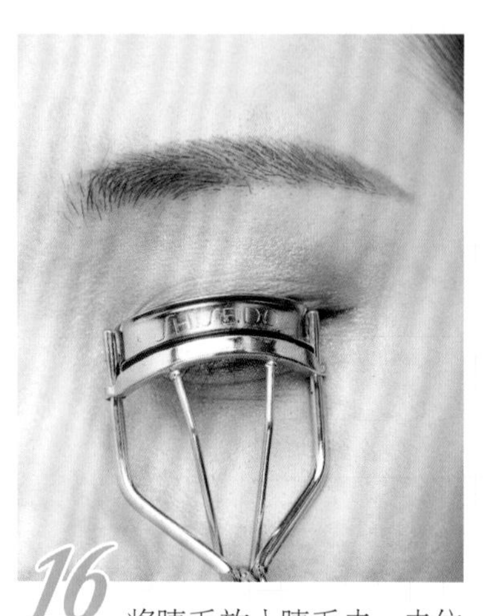

16 将睫毛放入睫毛夹，夹住后稍微向上抬，将睫毛夹翘。

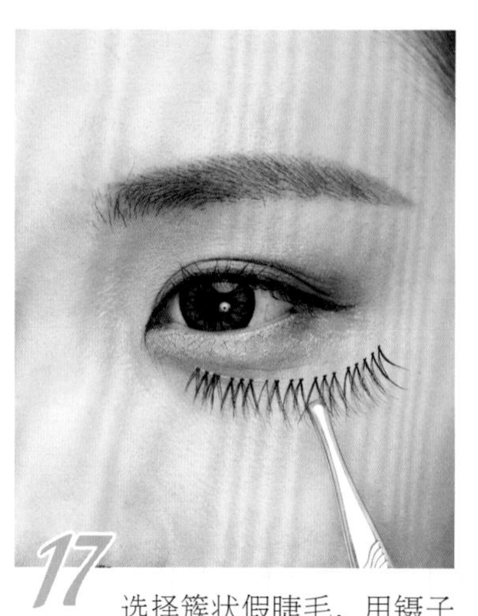

17 选择簇状假睫毛，用镊子辅助沿上睫毛根部粘上。

18 为使睫毛显得更自然，用睫毛膏轻轻涂刷让真假睫毛融为一体。

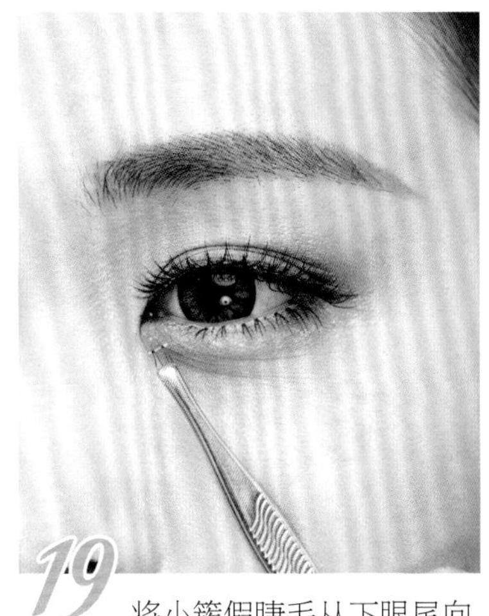

19 将小簇假睫毛从下眼尾向眼头沿睫毛根部粘上。

20 用斜角修容刷蘸取少量阴影粉，从眉头凹陷处顺势向下刷扫。

21 蘸取珊瑚色腮红，在颧骨最高处向太阳穴刷扫，制造好气色。

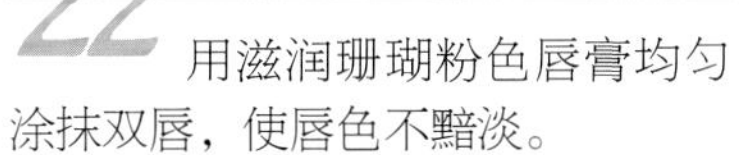

22 用滋润珊瑚粉色唇膏均匀涂抹双唇，使唇色不黯淡。

23 用橘红色唇膏涂满双唇，凸显唇形。

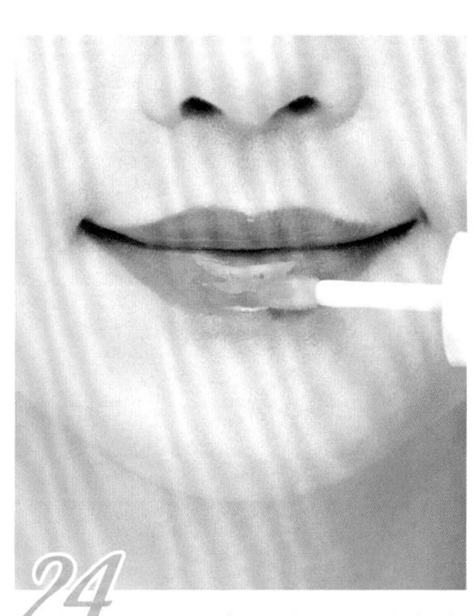

24 涂上粉色唇蜜，制造出水嘟嘟的唇妆效果。

Before

After

金棕色眼妆用微闪的效果营造出奢华高贵的感觉。珊瑚色唇妆气质柔和。

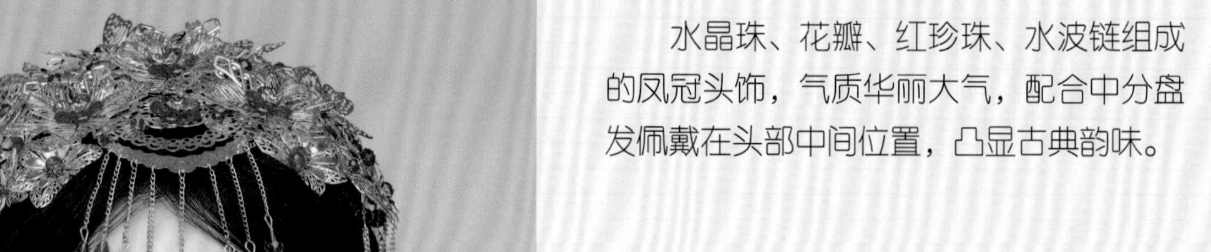

水晶珠、花瓣、红珍珠、水波链组成的凤冠头饰，气质华丽大气，配合中分盘发佩戴在头部中间位置，凸显古典韵味。

Side

两鬓的盘发干净利落，两侧水晶链自然垂落到脖子作装饰，线条在新娘举手投足间带来灵动感。

Back

修长的发髻还需要些许点缀，不规则零星点缀若干支蝴蝶簪子，可达到锦上添花的效果。

25 将新娘头发五五中分，左右两侧散落的头发分别梳理通顺。

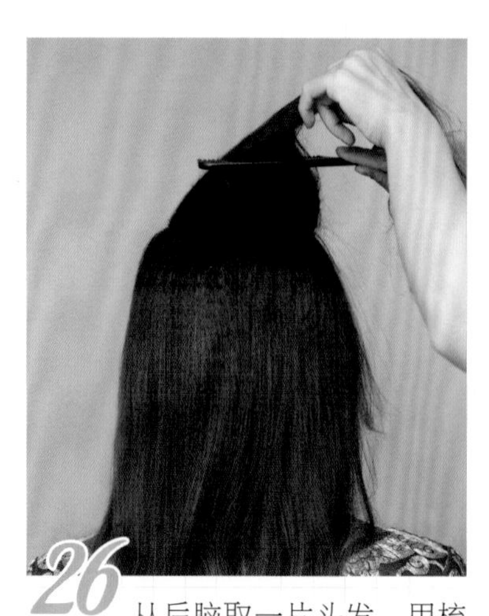

26 从后脑取一片头发，用梳子向发根逆梳，使发根部分显得自然蓬松。

27 将已逆梳好的头发稍加扭转，用夹子固定在后脑中间。

28 将两鬓垂落的头发梳理平贴，发尾部分扭转后集中在脑后中间。

29 取背后剩余头发中间的一束头发，将发束平均分为四股，两两相交编辫子。

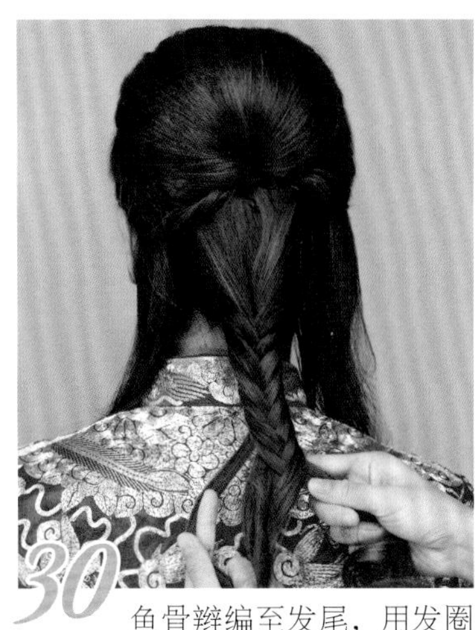

30 鱼骨辫编至发尾，用发圈集中成束。

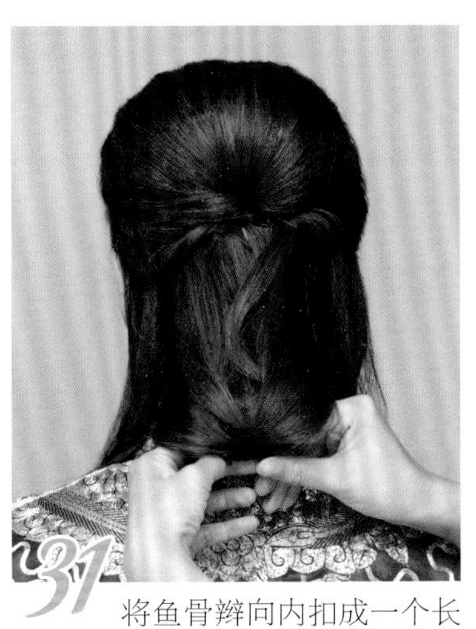

31 将鱼骨辫向内扣成一个长发髻，用发夹在头发里层固定辫子末端。

32 从右耳耳背取一小簇头发，分为两股，相互交叉扭转并从发髻下缠绕一圈。

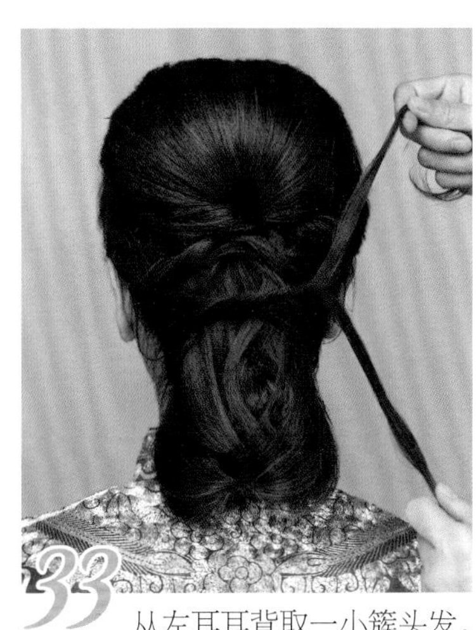

33 从左耳耳背取一小簇头发，分为两股，相互交叉扭转至发尾。

34 以脑后中间为圆心，将成股的头发缠绕成一个圈并固定好。

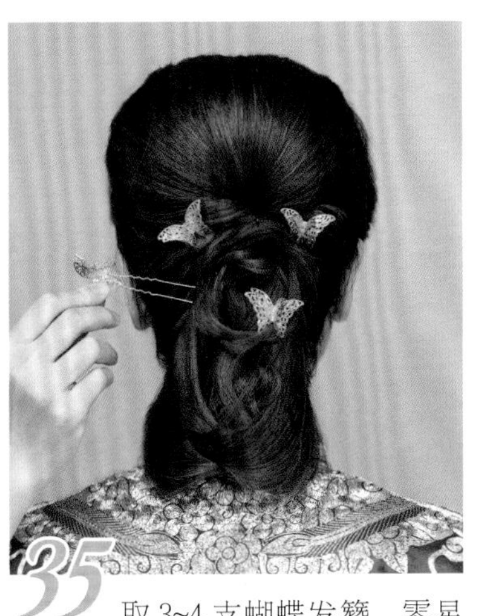

35 取 3~4 支蝴蝶发簪，零星插在长发髻上。

36 将凤冠佩戴在头顶中间位置，让短珠链置于眉毛上方的前额。

Chapter 6

新娘美甲实例

婚礼上，每一处细节都不容忽视。新娘美甲自然是整体妆容中必不可少的重要部分。一款妆容、礼服和谐搭配的新娘美甲，能在细节中透露出新娘的气质之美。见证爱情，见证新娘最美一面。

粉色花瓣美甲打造浪漫新娘

花瓣图案是女生不可抗拒的元素，绽放的花朵能给人带来美好心情。简单且素雅的图案营造出独一无二的浪漫风情。

粉色花瓣美甲

浅粉底色在薄薄的白色花瓣中若隐若现，细小水钻拼贴的花心让浪漫感觉备增。

1 用指甲锉将指甲前端磨成较为圆润的形状。

2 蘸取珠光粉色甲油涂抹指甲，作为底色。

3 用白色甲油，在甲片上晕染出几朵半透明的花瓣。

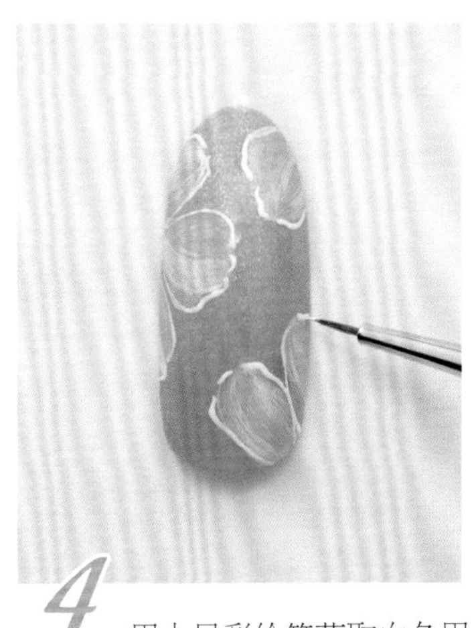

4 用小号彩绘笔蘸取白色甲油，给画好的花瓣勾边。

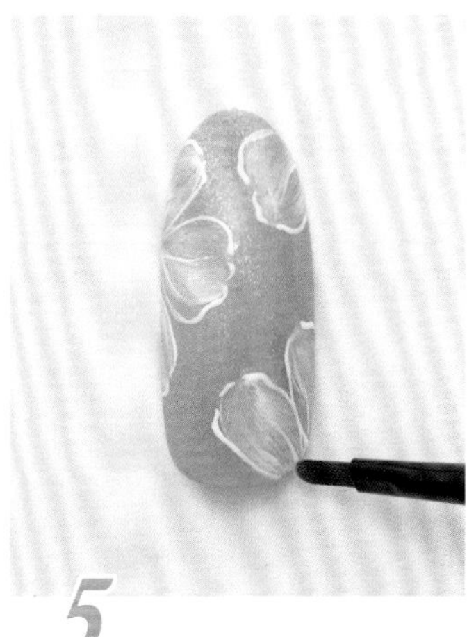

5 用小号彩绘笔取白色甲油画出花心，制造层次感。

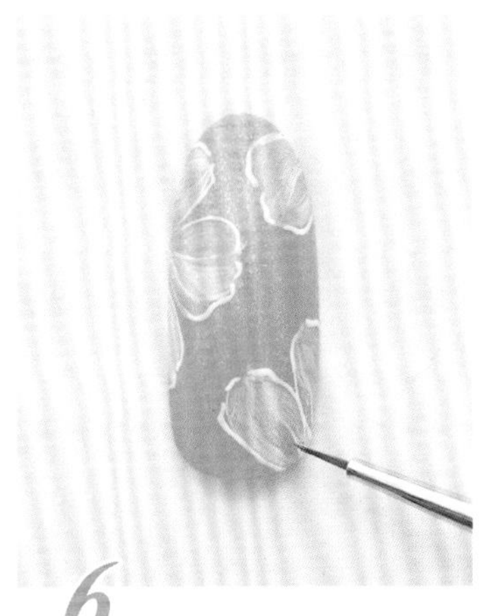

6 用小号彩绘笔蘸取金色甲油，在花心画线条。

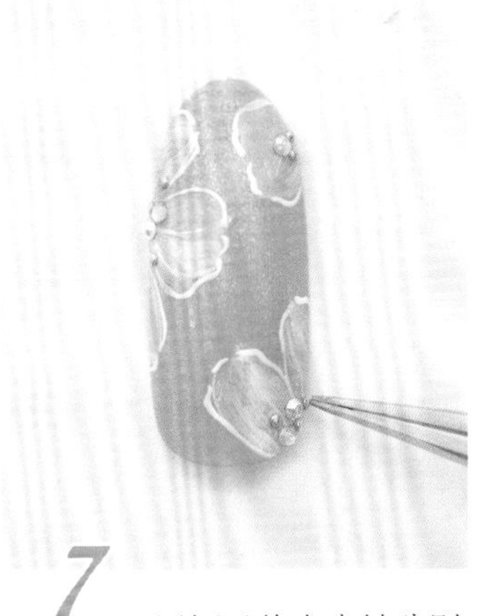

7 用镊子将小水钻分别贴在花朵的花心。

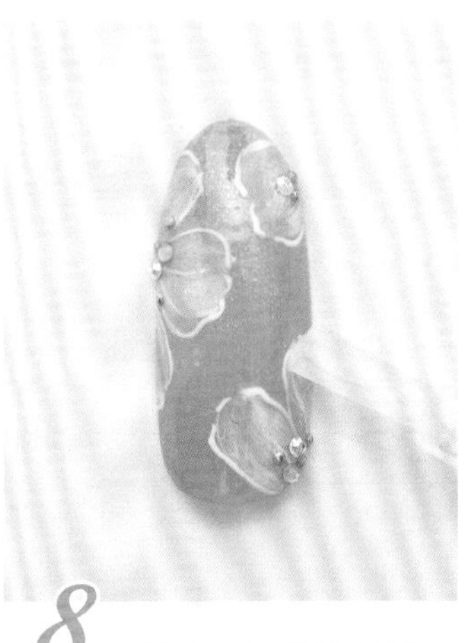

8 涂上一层亮油封层，让颜色和配饰更牢固。

俏皮波点美甲演绎复古新娘

正红色一直是经典色，它代表热情奔放。在复古风长久不衰的年代，可尝试融入俏皮的波点图案，让新娘时刻走在潮流的前端。

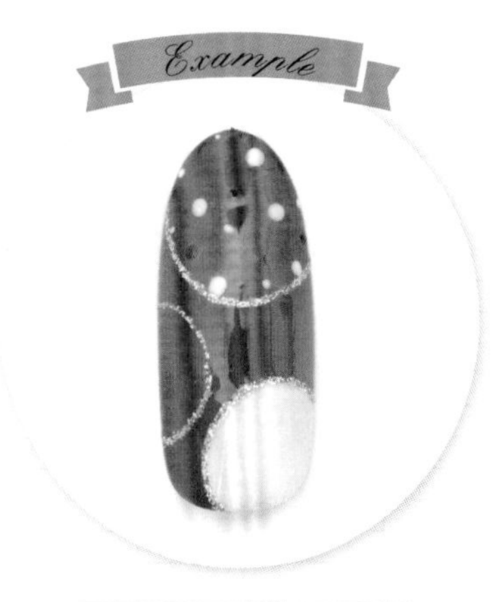

俏皮波点美甲

使用三种不同颜色的红色系甲油，将指甲分为圆弧色块，与同色系的波点相互统一。

1 用指甲钳将指甲前端修剪成较圆润的形状。

2 蘸取粉色甲油在指甲右下方涂出圆弧图案。

3 在甲面前端用浅红色甲油涂出半圆状，将指甲涂满。

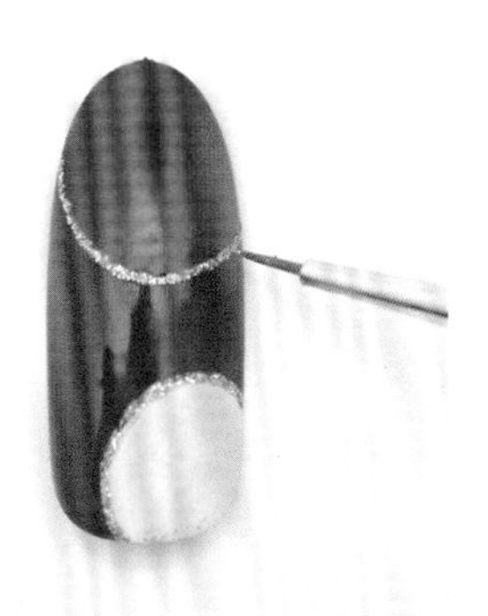

4 用彩绘笔蘸取金色甲油，给浅红色与粉色圆弧描边。

5 用与步骤 4 相同的方法，在指甲左侧画出半圆。

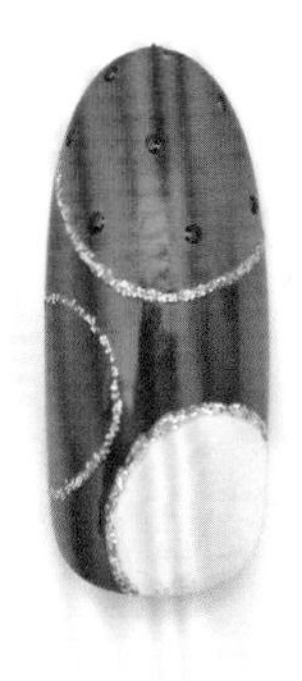

6 用彩绘笔蘸取黑色甲油，在浅红色圆弧内画上点。

7 用彩绘笔蘸取白色甲油，在浅红色圆弧内画上点。

8 涂上一层亮油封层，让颜色和配饰更牢固。

光泽珍珠美甲装扮优雅新娘

纯色指甲烘托新娘的清纯之感，清澈的指甲只需要简单的金色点缀。巧妙加入珍珠元素，让指尖不再单调，轻松打造高贵气质。

光泽珍珠美甲

一定要用粗糙毛躁的彩绘笔，这样才能完美地做出拉丝效果。珍珠让指甲增添高贵感。

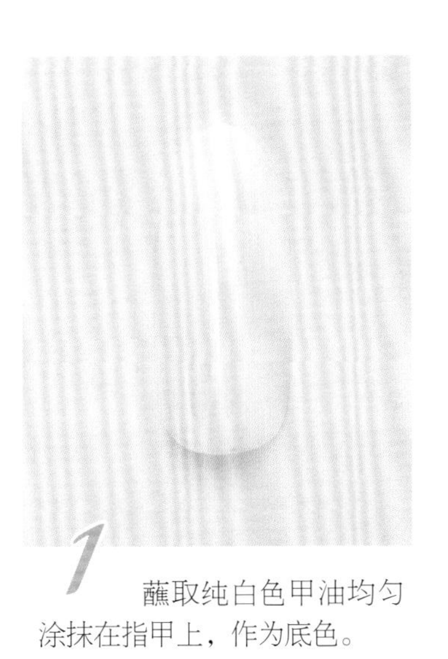

1 蘸取纯白色甲油均匀涂抹在指甲上，作为底色。

2 用毛躁的彩绘笔蘸取浅紫色甲油，在指甲上薄薄涂一层。

3 用镊子夹取一根金片，粘贴在指甲前端。

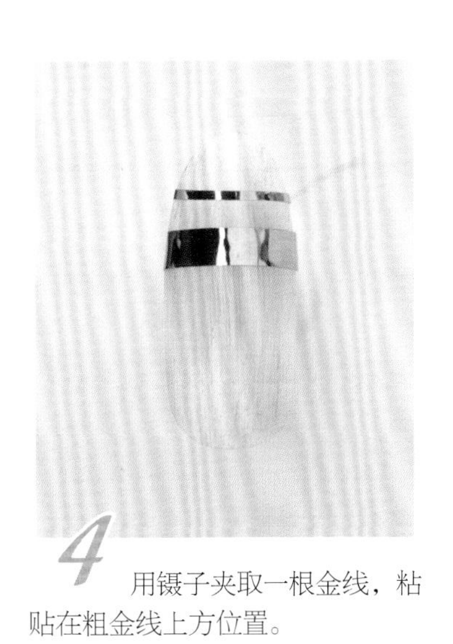

4 用镊子夹取一根金线，粘贴在粗金线上方位置。

5 用镊子夹取一根短金线，粘贴在指甲右侧。

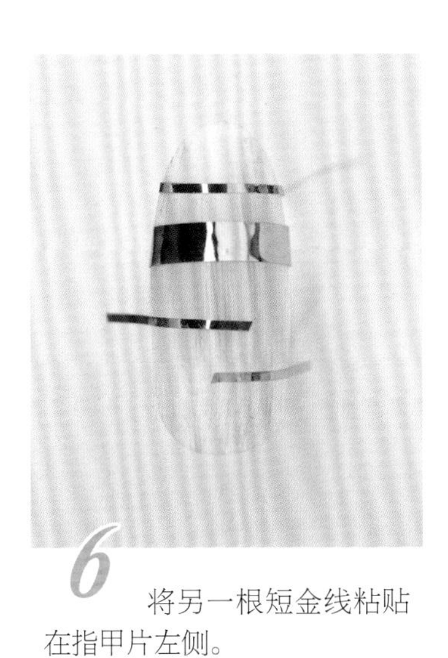

6 将另一根短金线粘贴在指甲片左侧。

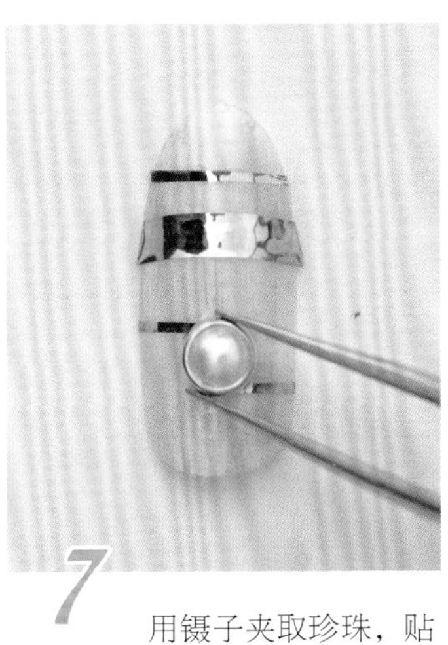

7 用镊子夹取珍珠，贴在两根短金线的中间。

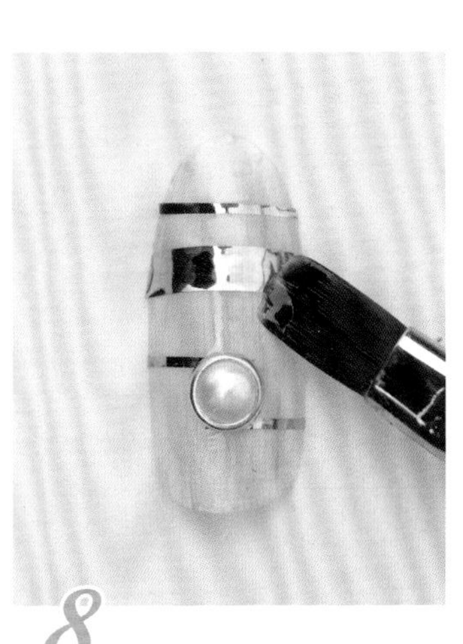

8 涂上一层亮油封层，让颜色和配饰更牢固。

泼墨花朵美甲点亮古典新娘

水墨画作为一种有代表性的中国元素，承载着中国传统文化的精华。韵味十足的水墨花朵典雅文艺，适合有古典气息的新娘。

泼墨花朵美甲

花朵图案像极了在水中绽放的牡丹，吐露着迷人芬芳。

1 蘸取纯白色甲油均匀涂抹在指甲上，作为底色。

2 用毛躁的彩绘笔蘸取浅红色甲油，在指甲上画出花朵。

3 用中号彩绘笔沿着花心，晕出浅色花瓣。

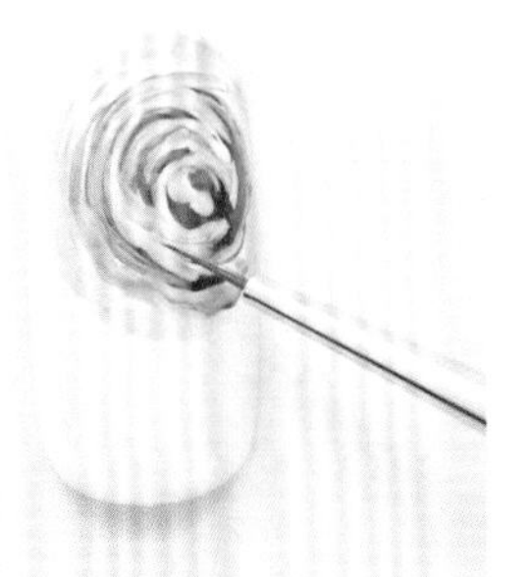

4 用小号彩绘笔蘸取白色甲油，填在花瓣的间隙。

5 用小号彩绘笔蘸取黑色甲油，在指甲左侧由下而画上交叉弧线。

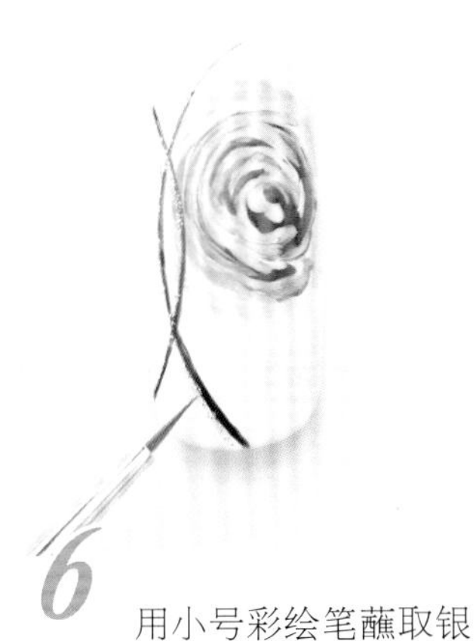

6 用小号彩绘笔蘸取银色甲油，沿黑色交叉弧线描边。

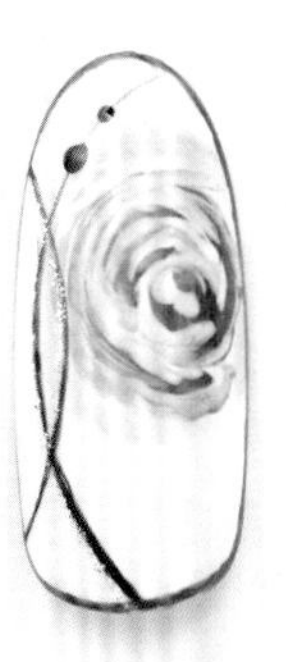

7 用小号彩绘笔蘸取黑色甲油，在黑色弧线上方描点。再蘸取红色甲油，沿着甲面轮廓描边。

8 涂上一层亮油封层，让颜色更持久。

铆钉元素美甲打造朋克新娘

朋克风格彰显个性，是一种与众不同的美丽。如今这种魅力和个性也开始在美甲领域流行。与金属的搭配，让新娘通过指尖传达追求自我的独特魅力。

铆钉元素美甲

这款美甲最巧妙的地方在于星空纸的运用。看似随意的粘贴体现出爆裂的质感。

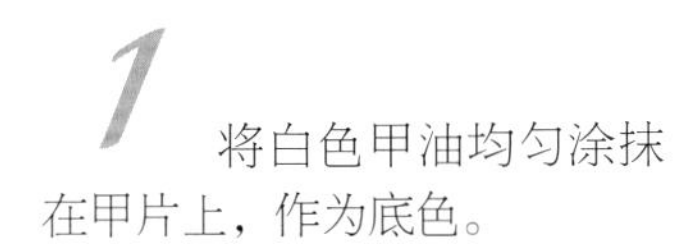

1 将白色甲油均匀涂抹在甲片上，作为底色。

2 剪一小块星空纸，在底色未干前用镊子轻贴于甲片上。

3 用彩绘笔蘸取黑色甲油，在甲片上半部分画两条平行线。

4 蘸取黑色甲油，将上半部分的两条平行线内填满颜色。

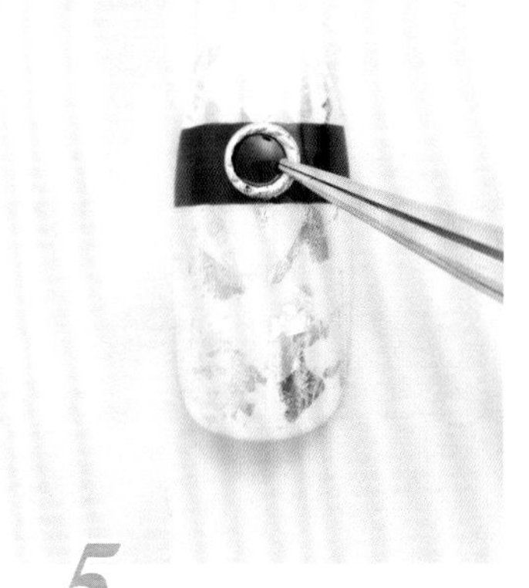

5 用镊子夹取金属麻花圈，将其粘在黑色块中间。

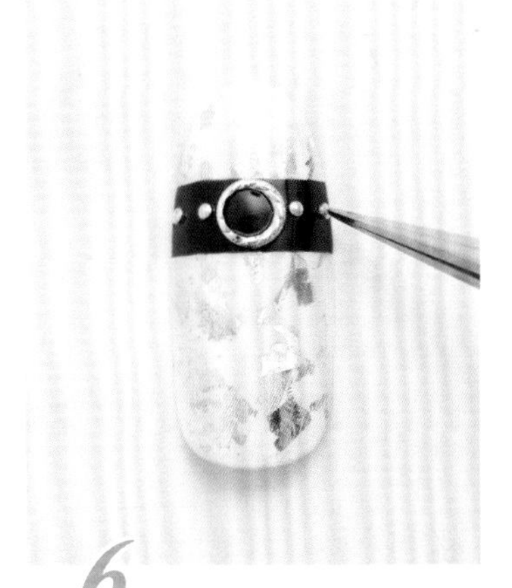

6 用镊子夹取若干小钢珠，粘贴固定在麻花圈两侧。

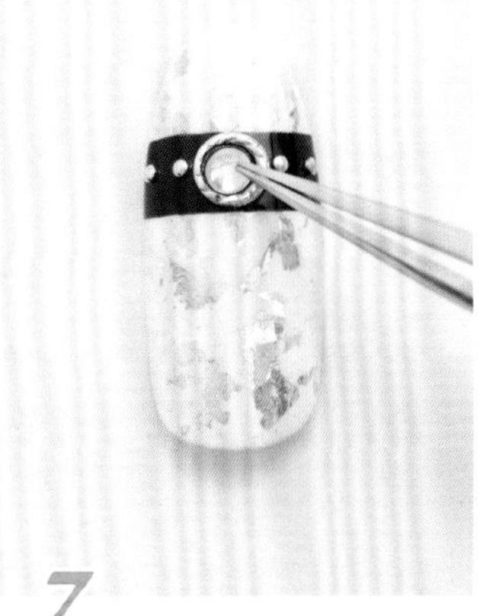

7 用镊子夹取小钻，并将其粘贴固定于麻花圈内。

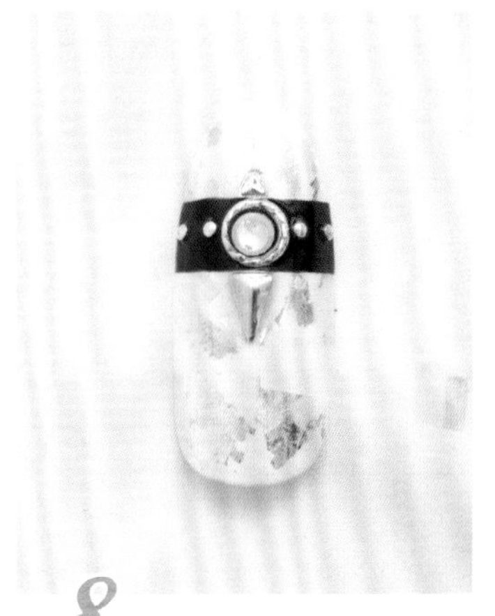

8 最后涂上一层亮油封层，使颜色和配饰更牢固。

立体砂糖美甲打造俏皮新娘

粉嫩的色彩和糖果般的质感流露出纯真的少女情怀，古灵精怪的新娘自然不会放过在指甲上大做文章的机会。条纹本身就是经典图案，配上有小新意的装饰会变得格外可爱。

立体砂糖美甲

用光疗胶制作的独特可爱饰品。

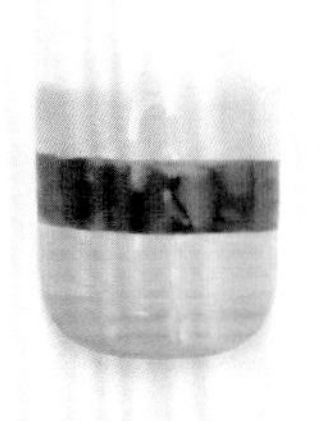

1 将指甲下半部分逐层涂抹浅紫、玫红、橘粉、粉色甲油。

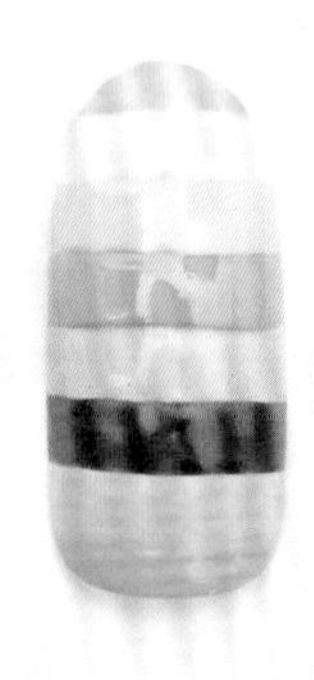

2 在指甲上半部分逐层涂抹橘粉、浅黄、浅蓝、蓝色甲油。

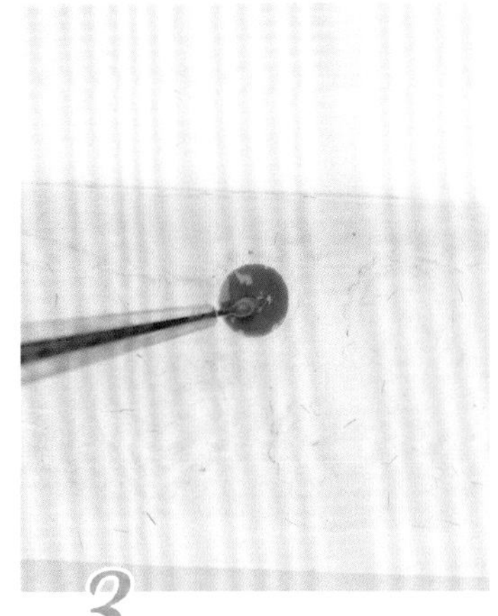

3 用彩绘笔蘸取蓝色光疗胶，填在球形模具内，用灯照干。

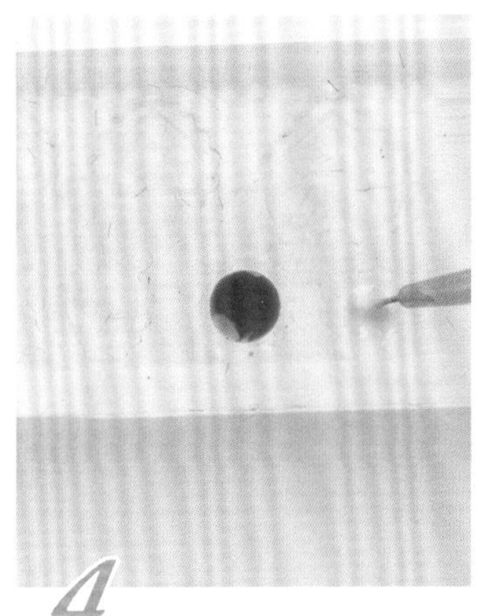

4 蘸取粉色光疗胶，填在更小的球形模具中，用灯照干。

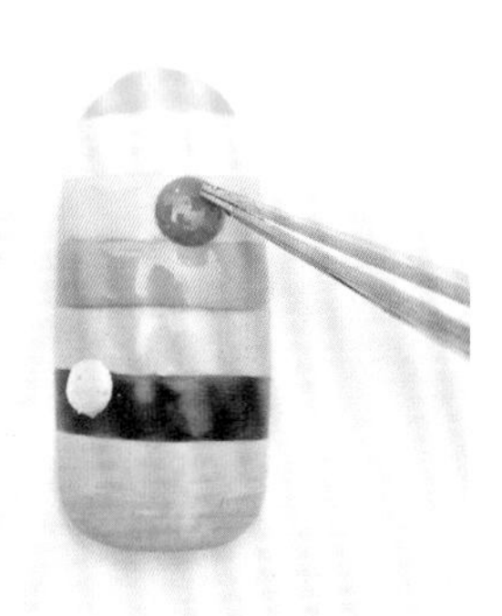

5 用镊子取出模具内的圆球饰品，分别粘贴在指甲上。

6 蘸取浅黄色光疗胶用同样方法做出星星形饰品，粘贴在指甲左侧。

7 用亮油封层，再用刷子蘸取砂糖均匀刷在指甲上。

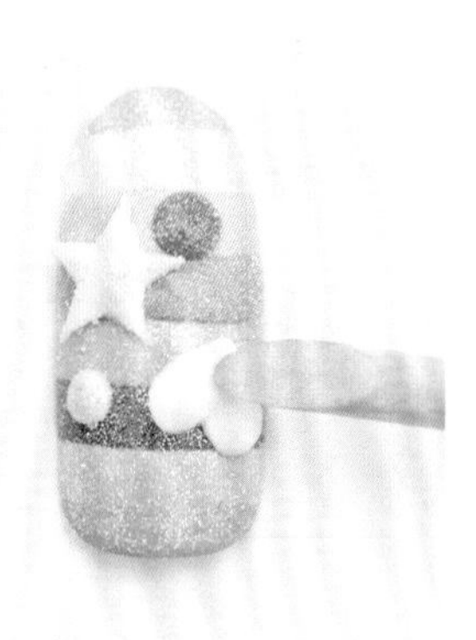

8 用白色光疗胶做出心形饰品，粘贴在指甲上。

蓝色渐变美甲演绎清新新娘

如果在海边举办户外婚礼，千万别忘了给新娘的指甲画上一个应景的图案！在海洋世界里珊瑚景色美不胜收。试着画出各种各样的创意深海美甲，将海底景象搬到指甲上。

蓝色渐变美甲

蓝色渐变就像大海，由浅到深，越往深处越有美景。

1 蘸取宝蓝色甲油涂于甲面下方位置，再用刷子由下至上晕染涂刷。

2 在甲面下方再涂上一层深蓝色甲油，使两种颜色相互晕染成渐变色，夹取蓝色糖果纸贴于蓝色区域。

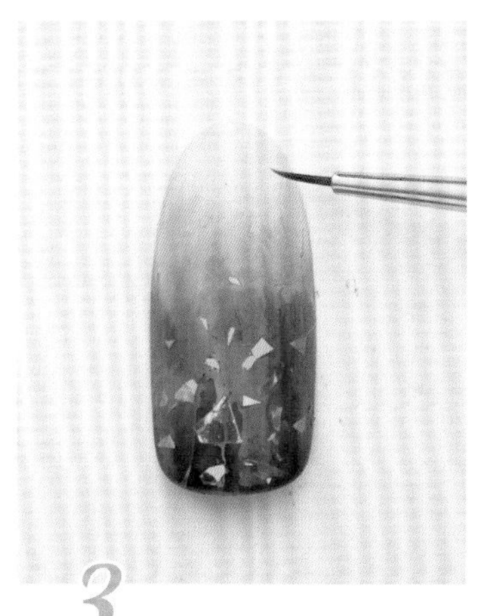

3 用彩绘笔蘸取乳白色甲油，涂抹在指甲上方空余处。

4 蘸取亮片甲油，均匀涂抹在指甲上半部分。

5 用镊子夹取金属海螺饰品，粘贴在指甲的左下方。

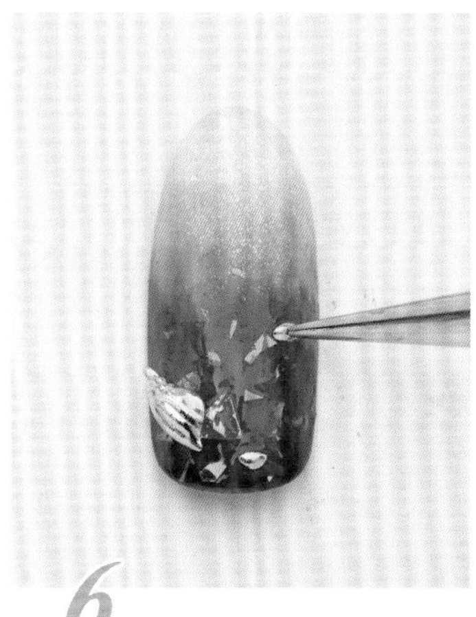

6 用镊子夹取铆钉饰品，根据个人喜好粘贴装饰。

7 用镊子夹取金属海星饰品，粘贴在海螺右侧。

8 涂上一层亮油封层，让颜色和配饰更牢固。

孔雀纹路美甲演绎异域新娘

孔雀纹无疑是吉卜赛风情的典型代表。选用多种颜色混搭，让羽毛清晰展现在指尖上，打造异域感十足的美甲，化身吉卜赛新娘。

孔雀纹路美甲

通过整体与色块间的拖拉，把这款美甲打造得像孔雀羽毛般变幻无穷。

1 蘸取纯白色甲油均匀涂抹在指甲上，作为底色。

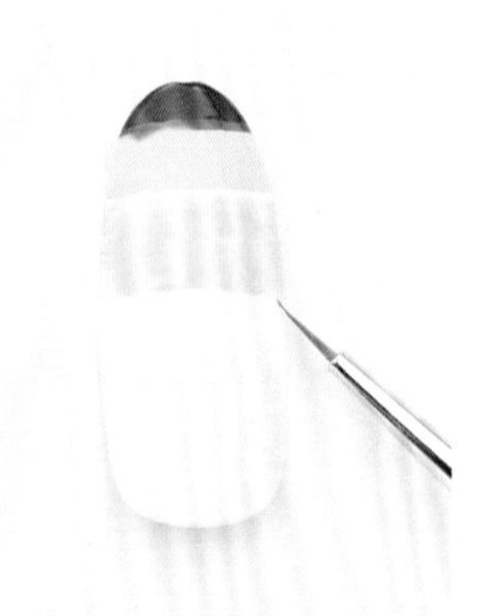

2 用彩绘笔在甲片上半部分逐层涂抹深红、玫红、薄荷绿、黄色甲油。

3 继续用彩绘笔在甲片的下半部分逐层涂抹粉色、蓝色、桃红色、玫红色甲油。

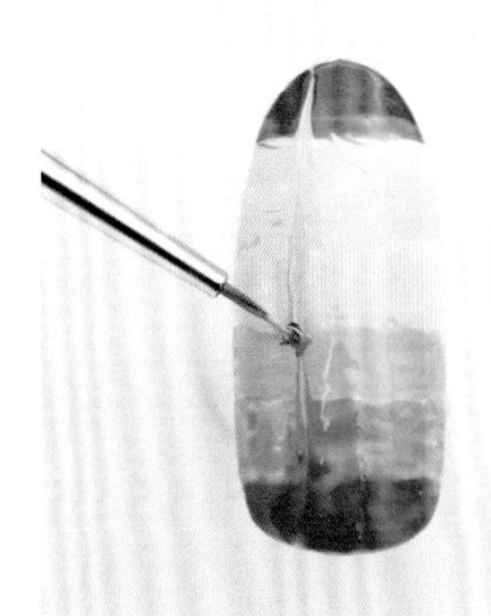

4 用彩绘笔在指甲上来回拖动，使其产生纹路。

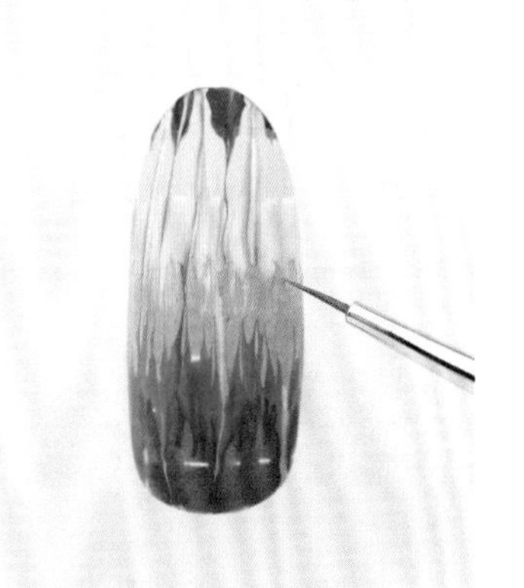

5 用彩绘笔在各色块间继续来回拖动，制造出流苏效果。

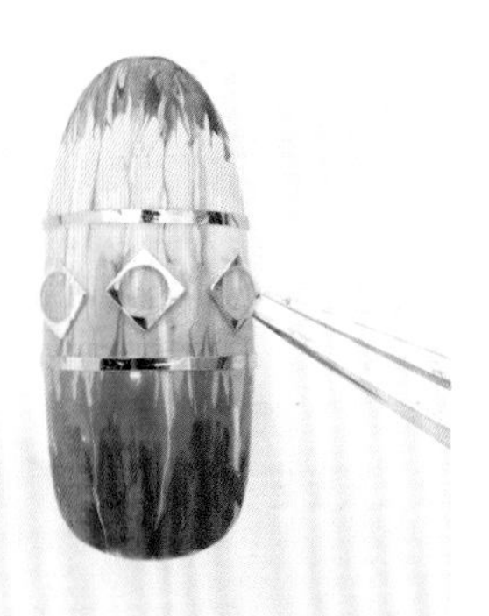

6 将两根金线粘贴在指甲中间，再把方形饰品粘贴在两条金线之间作宝石的托。

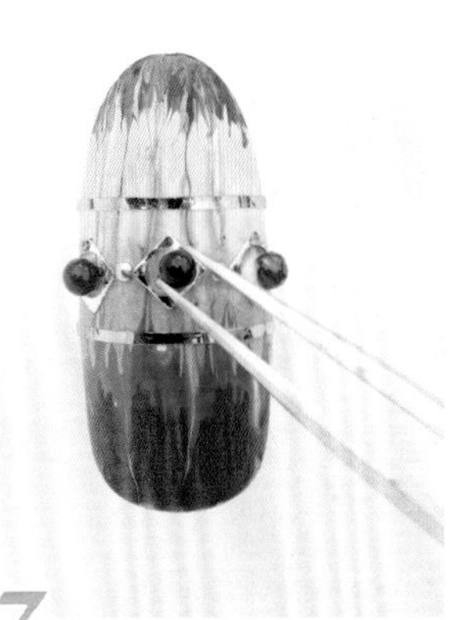

7 用镊子将小钢珠粘贴在方形饰品中间，再将宝石固定在托上。

8 涂上一层亮油封层，让颜色和配饰更牢固。

Chapter 7

新娘配饰点睛完美婚礼

每当给新娘换装时，总担心创意缺席。再精致的妆发造型都不离开配饰的“画龙点睛”。鲜花发饰清新唯美，蕾丝头纱浪漫优雅，珍珠配饰简约大气。借助配饰的神奇魔力为新娘打造一场完美的婚礼吧！

新娘头纱的挑选法则

头纱的款式和婚纱一样多种多样，有长款、短款、超长款等。不能仅依据新娘个人的喜好选择头纱，要根据婚纱的款式和场合来决定。一块小小的薄纱，可以让新娘变得更加迷人、神秘、浪漫 。那么怎样选出最美、最适合新娘的头纱来呢?

遮面式

遮面式头纱用于在行礼前遮掩新娘的脸庞，之后由新郎或新娘父亲把面纱掀起。大多新娘会在行礼之后把面纱揭开挂于头后。

及肩式

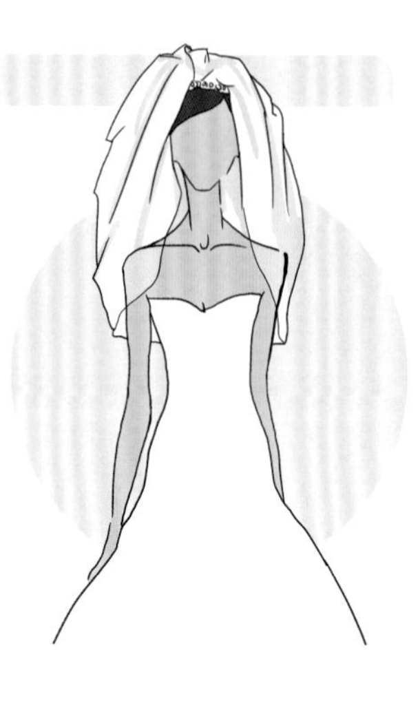

及肩的错落复式头纱，适合搭配非传统经典婚纱，如贴身剪裁、鱼尾形婚纱，增添俏皮可爱的感觉。

及肘式

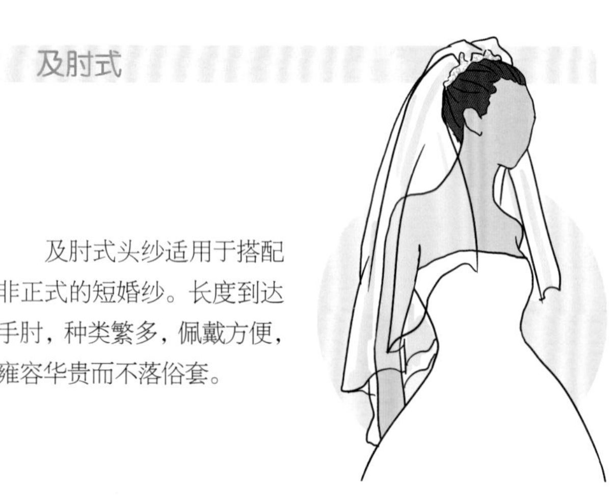

及肘式头纱适用于搭配非正式的短婚纱。长度到达手肘，种类繁多，佩戴方便，雍容华贵而不落俗套。

双层式

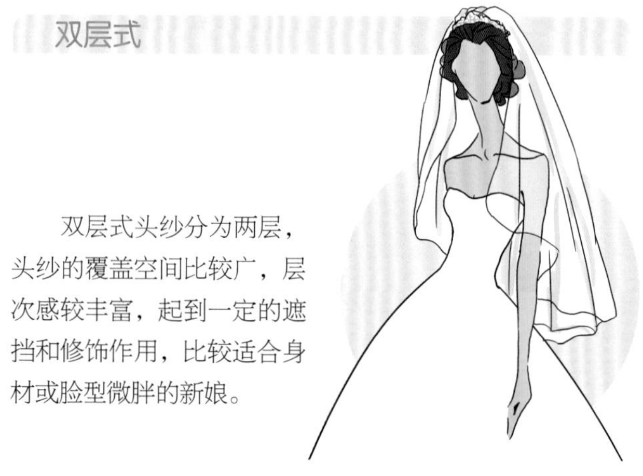

双层式头纱分为两层，头纱的覆盖空间比较广，层次感较丰富，起到一定的遮挡和修饰作用，比较适合身材或脸型微胖的新娘。

曳地式

曳地式头纱直达脚踝，通常是简洁的多层款。华美的造型让人印象深刻，还可以让新娘多一层裙裾。

拖地式

拖地式头纱是最经典、最受欢迎的款式。拖地的效果虽然夸张且不方便打理，但只有这种头纱能完全表达婚姻的神圣感。造型高贵适合搭配多种婚纱，从可爱的泡泡裙到合体的贴身裙，都能胜任。

头纱挑选三步走

第 1 步：看长短 头纱长短根据婚纱长度定

头纱有长有短，款式繁多。长头纱好看，还是短头纱好看？没有定论！作为头部的重要点缀，选择头纱的首要原则是根据婚纱款式来搭配。一般的原则是头纱和婚纱的长短错开。

如果新娘选择及地款婚纱，就可以选择3~4米的长款头纱，在背后形成一个漂亮的“小尾巴”，让婚纱显得贵气隆重。但如果新娘选择长拖尾的婚纱，最好不要选用过长的头纱。一般情况下，长拖尾婚纱的装饰重点在腰部、臀部以下。这些部位往往会有很多装饰物，头纱太长会盖住重点。这类婚纱，建议头纱长度不要超过腰部。

第 2 步：看款式 头纱单层和多层效果各不同

就款式而言，头纱分单层和多层。两种头纱传达的感觉也完全不同。比如，多层的短款头纱视觉效果比较蓬，适合气质可爱、身材娇小的新娘，显得俏皮、活泼，还能从视觉上让脸显小。这类头纱虽能显脸小，但不适合比较丰满的新娘，会使人上半身显胖，反而顾此失彼。

单层头纱是最常见的头纱，也是不出错的头纱，几乎人人都适合。单层头纱特别适合身材丰满的新娘，有拉长身材的视觉效果。

头纱款式还要根据发型来选择。如果发型比较复杂，就尽量选择款式简单的头纱。如果新娘的头纱比较复杂，发型就要尽量简洁，让亮点集中在头纱上。

第 3 步：看位置 头纱佩戴高低有讲究

选好头纱，接下来是解决怎么戴的问题。佩戴也大有讲究，不仅要根据发型来佩戴，还要根据新娘的身材来佩戴。如果是身材比较矮小的新娘，不建议把头纱戴得太低，避免让人显得更矮。

发型方面，如选择韩式发型，头纱应佩戴得低一些。甚至可以忽略头纱部分，突出头发的造型感。

如果选择披发，那么头纱最好从头顶戴起，营造出梦幻公主的感觉。如果想要打造淑女的感觉，最好盘一个比较低的发髻，把头纱戴在脑后低一点的位置。

有的新娘会把发髻歪向一边，为搭配这类发型头纱和发髻的方向最好保持一致。在白纱的映衬下，发型更显漂亮。

韩系新娘风格的配饰方案

韩式风格的新娘妆发风格注重甜美清新的感觉，配饰的选择则应全力配合此基调。首先摒弃色彩太鲜艳或繁杂的配饰，纯粹的色调更容易演绎出韩式风格所追求的自然淡雅效果。韩式风格还很讲究减龄效果，这直接决定了配饰的选择要避免任何具有成熟气息的类型。

圆润珍珠体现韩式简洁

亚洲人的肤色偏黄，白色或者奶油色的珍珠首饰是贴合肤色的选择，让肌肤显得更白皙透亮。圆润饱满的珍珠是韩风搭配最喜爱的元素。韩剧女主角身上或日常生活中，常常能寻觅到它的踪影。珍珠无棱角，大气耀眼。

精致花朵碎钻闪耀韩式优雅

花朵和钻石是韩式优雅不可缺少的主题。单品选择花朵的元素进行统一，精致花朵搭配小巧的碎钻，清新又优雅。向下延伸的吊坠拉长了颈部线条，耳环上的花式与项链相互呼应，散发柔美女人味。布满碎钻的水晶发箍，精致度够却绝不浮夸，衬托出韩式盘发的精致婉约。花枝的藤蔓从颈部延伸到耳旁、穿插于发间，好像新娘甜蜜的幸福一直环绕身边。

通透质感点缀韩式清新

韩式风格讲究清新得体，在用色上不会过于浓烈，材质上也以轻盈的用材为主。选择质感通透、色泽清新的饰品，虽不奢华但能突出审美品质。细长项链以及细长坠耳环通过清爽的细线，整体营造盈盈纤巧的效果。这是韩式风格的关键所在。

薄纱花饰营造韩式柔美

韩式婚纱搭配的绝妙在于渗透在每一细节的淡雅优美风格。用薄纱制成的白色花朵斜插在发间，适合韩式温婉盘发造型。耳环上极富光泽感的淡水珍珠和璀璨钻石用纤巧的弧度线条连接在一起，避免了紧凑感。

日系新娘风格的配饰方案

既能甜美俏皮、又能可爱性感是日系配饰的风格。日系配饰以多变的造型元素、浮夸的线条、充满梦幻感的色彩获得年轻女生的喜爱。可以运用蕾丝、蝴蝶结、花朵等元素的混加法，满足新娘的少女心。要注意配饰的主次，强调一件主配饰即可。

花式猫耳打造俏皮新娘

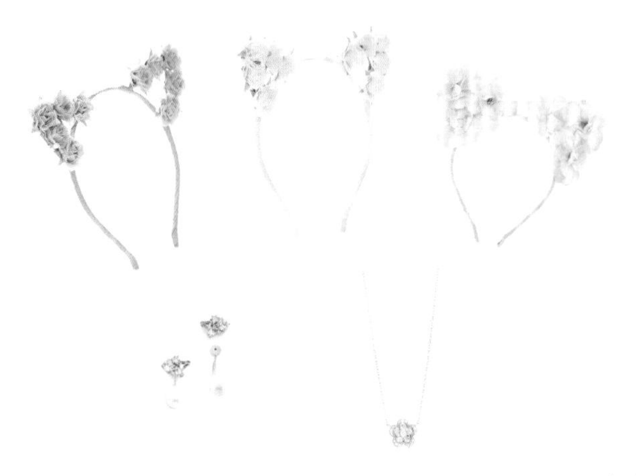

日系风格的婚纱充满可爱、浪漫的基调，不适合夸张、奢华感重的造型，所以选择花朵拼成的猫耳发饰，清新甜美，活泼俏皮。挂坠及耳坠挑选带有清新特质的细吊坠和耳环，在色调上相呼应，打造俏皮迷人的萌系新娘。

可爱蝴蝶结带来日式甜美

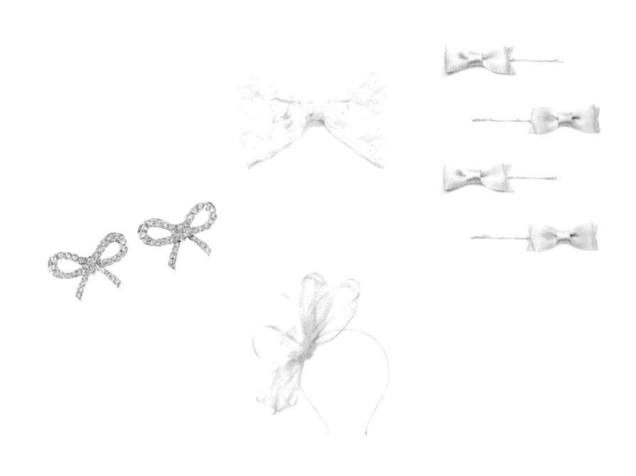

蝴蝶结是少女系的象征，选择蝴蝶结作为婚礼元素能满足新娘的甜蜜少女心。头饰选择造型夸张的蝴蝶结，有吸引眼球的效果，耳饰和手链可以选择造型别致、风格可爱的类型，以增强趣味性为主，整体造型才不会显得太夸张。

糖果色花朵营造清新感觉

花朵除了可以制作手捧花、装饰场地，也早已成为甜美新娘造型的一部分。所以选择糖果色系的大朵花朵制作花冠最能够打造出日系小清新感觉。马卡龙色系的吊坠和小巧耳钉，样式清爽干净，搭配梦幻的公主裙礼服或收身的鱼尾礼服都有唯美清新的效果。

混搭让日式风格更甜蜜梦幻

不愿走可爱路线却依旧希望尝试日系风格的新娘，可以选择微卷的日系盘发，佩戴纯白梦幻的蕾丝头纱或带有镂空花纹、珍珠等的蕾丝发带，再将小朵花朵随性插入发间进行装饰。首饰同样挑选略带复古气息的粉色珍珠来与蕾丝、花朵进行混搭，共同演绎日式轻复古。

森系新娘风格的配饰方案

森系新娘风格并不是只搭配朴素的植物素材配饰，也可以选择有轻奢感的欧式森系配饰。金色藤蔓系带发箍以白色贝母花朵、淡蓝色串珠为点缀，显得灵动而别致。为呼应花朵发饰，选用带有碎钻和珍珠的蓝色耳钉和花朵样式的戒指，让小清新的森系风格也能精致优雅。

纯白花环带来森系纯真

森系婚礼追求纯真干净、简单清新的风格，用自然宁静打动人心。耳环和项链可以选择花与叶为主题，在花朵和叶片造型上付诸巧思，为元素并不复杂的婚礼造型增添清新仙美的气质。

蝶恋花演绎森系浪漫

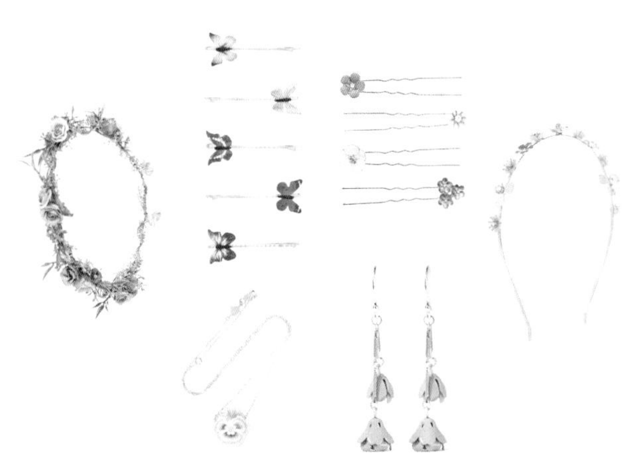

打造森系浪漫，必须让造型充满仙气。花朵的绿枝花环或清新的花朵发钗，搭配轻俏的蝴蝶发钗，营造森林中的蝶恋花意境。耳环与挂坠也以花朵元素为主，嫩粉色、紫灰色及浅蓝色的搪瓷花朵洋溢着春日气息。

彩色花环打造森系灵俏

森系并不是一味素净纯白，偏爱绚烂的彩色的新娘也能拥有森系灵俏风。简单的彩色花环就能带来所有春天的色彩。花环的编织应该选择同一色调的花朵，不宜用色彩冲击过大的花朵进行组合搭配。若想佩戴首饰，可以选择色彩清新、花式简单、有森林元素的饰品进行点缀。

野花浆果让你化身森系精灵

浆果、花朵、树叶、松果等都是森林中的精灵元素。它们打破以往森系简单安静的刻板印象，充满生机与活力。红色浆果发箍或鲜花树叶发钗无一例外都是想化身森林精灵新娘的绝妙搭配。

中式新娘风格的配饰方案

中式风格配饰本身就具有鲜明的特点，所以考验造型师的不是辨认它们，而是如何打破传统将它们搭配得当。中式风格的配饰方案不仅要考虑选择符合新娘气质，还要兼顾与中式礼服等进行和谐呼应，将东方女性的韵味表现到极致。

华丽凤冠适合大气中式新娘

中式婚礼追求热闹与吉祥的喜庆感，所以配饰不能缺少的元素就是中国红与象征富贵如意的金色饰品。如果新娘气质大气高贵、身材高挑，可以选择带有厚重华丽感的镂空鎏金凤冠，镶嵌红绿珠宝，适合搭配红色禾秀服或龙凤褂。为搭配充满古典气息凤冠造型，可选择镂空花朵样式的手环。耳饰挑选带有喜字的纯金耳环，极尽富贵之气。

流苏凤冠适合小巧中式新娘

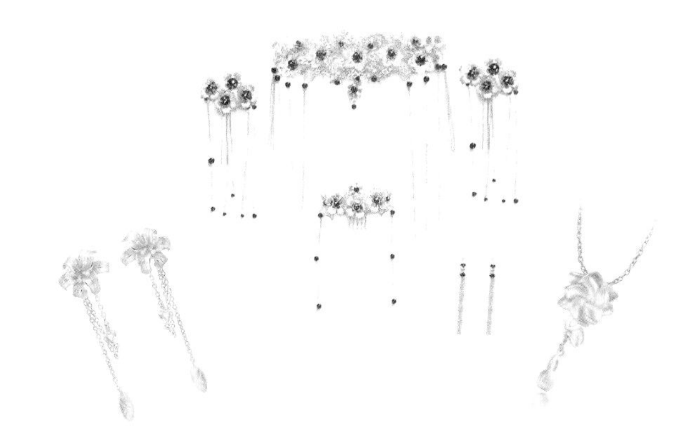

以流苏为特点的轻巧凤冠没有沉重的分量和繁复的花式，更多了一份轻盈流动感，该有的喜庆感丝毫不会减少。适合身材娇小、气质灵动柔美的新娘。摆动的流苏线条若隐若现地遮住脸颊，让新娘有一种娇羞的美感。耳环和项链也要有必不可缺的流苏造型，花式与材质尽量和凤冠配套。

古典步摇适合温婉中式新娘

针对温婉素颜气质的新娘，不妨为她们选择精巧的凤钗来作发饰。将柔顺的长发绾成古典发髻，再插上精心挑选的步摇，古典美人出现了。为了配合婚礼的氛围，凤钗可以选择较为华丽的类型，带有花朵、凤凰、孔雀、吊坠等元素。首饰不一定选择金色的，比金色略微内敛的玫瑰金就很适合。选择竹节手环和略带碎钻的耳环，既有古典韵味，又不缺乏现代感。

花式发钗点缀民国复古新娘

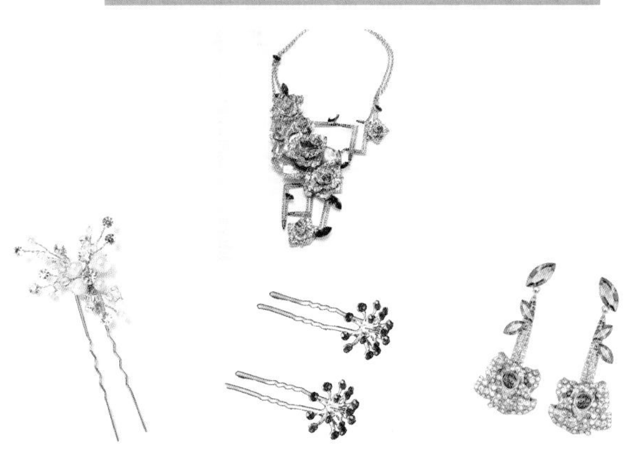

民国新娘最大特点就是充满复古女人味的手推波纹发型。为搭配较为复杂的发型，选择配饰应该遵守减法原则。看似简单却在细节之处，极具巧思与变化的发钗就十分适合。将发钗别于发间，装饰不多也能一样楚楚动人。以砚台和玫瑰作为设计灵感的耳环和项链，既带有中国元素，也带有西方爱情的象征，适合搭配秀出新娘玲珑身段的旗袍，给人以明艳美感。

结合婚纱挑选新娘鞋履

一件完美的婚纱当然需要搭配一双同样精致满分的鞋子。不要以为裙摆会遮住鞋子，一双搭配合适的高跟鞋会让新娘的整体造型更加完美。当你轻轻提起裙摆时，不经意间流露出的优雅气质便会赢得赞许的目光。

细肩带阔裙摆式婚纱 × 浅色系高跟鞋

简洁阔裙摆款式是正统婚纱最常见的表现方式。与此类婚纱搭配的鞋款，款式相对简单即可。色彩以白色、银色为佳，接近婚纱的白色或者米色与婚纱契合，走动时不会因为露出不搭调的深色系鞋款而显得突兀。

抹胸拖地式婚纱 × 厚防水台高跟鞋

厚防水台的鞋子是穿拖地式婚纱新娘的首选。如果个子不够高，婚纱裙摆底部会出现许多褶皱并堆积在地面，十分不美观。厚防水台高跟鞋不仅高并且能走得很稳，同时解决了婚纱拖地和需要久站立的小尴尬。

高腰褶皱式婚纱 × 鞋面元素高跟鞋

时装款婚纱不拘泥于正统婚纱的束手束脚，可以让新娘更好地展示自己的个性。此类婚纱在色彩上以米黄色居多，婚纱的整体装饰度强，运用大量的时尚元素作服装的点缀。在搭配鞋款上，也要抓住婚纱上的流行元素，让婚纱上出现的配件元素同样在鞋子上展现出来。

中式立领长裙 × 传统高跟鞋

传统的立领旗袍式长裙可搭配传统的鞋款，颜色以金色和红色为主。可以在细节上多做些变化，亮片鞋面和蕾丝鞋面是不错的选择。

龙凤褂裙 × 秋冬面料高跟鞋

龙凤褂裙是一款多数喜欢中式婚礼的新娘必选的礼服款式。如果想不摒弃传统同时又要保持时尚感，选择搭配龙凤褂裙的鞋履时候，可以选择有偏秋冬面料的鞋款。金丝绒面或者金属蕾丝都属于偏秋冬的面料，和龙凤褂裙的款式和颜色十分相衬。